石羊河湿地鸟类图鉴

李文华　主编

甘肃科学技术出版社

图书在版编目（CIP）数据

石羊河湿地鸟类图鉴 / 李文华主编. -- 兰州 : 甘肃科学技术出版社, 2021.5
ISBN 978-7-5424-2833-2

Ⅰ.①石… Ⅱ.①李… Ⅲ.①沼泽化地－鸟类－甘肃－图集 Ⅳ.①Q959.708-64

中国版本图书馆CIP数据核字(2021)第092211号

石羊河湿地鸟类图鉴

李文华　主编

责任编辑　刘　钊
封面设计　雷们起

出　版　甘肃科学技术出版社
社　址　兰州市读者大道 568 号　730030
网　址　www.gskejipress.com
电　话　0931-8125103(编辑部)　0931-8773237(发行部)
京东官方旗舰店　https://mall. jd. com/index-655807.html

发　行　甘肃科学技术出版社　　印　刷　甘肃新华印刷厂
开　本　889 毫米×1194 毫米　1/16　印　张　9　字　数　120 千
版　次　2021 年 5 月第 1 版
印　次　2021 年 5 月第 1 次印刷
印　数　1~1 600
书　号　ISBN 978-7-5424-2833-2　　定　价　198.00 元

编委会

前　言

石羊河国家湿地公园位于民勤县城以南30km处，距武威市37km。公园南起洪水河桥、北至红崖山水库北缘，南北长31km，东西介于0.6～3.5km，总面积6176.2hm^2。2012年12月，经原国家林业局批复开始国家湿地公园试点建设，2017年12月完成试点建设，正式成为国家湿地公园。湿地公园划分为湿地保育区、湿地恢复重建区、湿地宣教展示区、湿地合理利用区等4个功能区。所在区域是石羊河流入民勤盆地后，唯一由河流湿地、沼泽湿地、人工湿地形成的复合湿地生态系统，处于民勤盆地的核心区域和国际上中亚和东亚—澳大利亚二条鸟类迁徙线路之上，保存着县境内较为完整的植被群落，为鸟类重要的栖息地和迁徙线路上重要的停歇地。生态区位十分重要。

石羊河国家湿地公园自建立之初，便密集开展了持续不断的鸟类调查和监测。调查和监测资料显示，石羊河湿地现有鸟类19目42科118种，占到《甘肃石羊河国家湿地公园总体规划》调查种类数据19目42科80种的147.5%，较湿地公园建立初增加了3目13科38种。自2014年12月开始，连续七年在湿地公园监测到96～201只不等的大天鹅种群，由日本专家环志的1T37、1T46大天鹅连续六年在湿地公园越冬，表明石羊河湿地生态正在持续改善，大批水鸟已经将石羊河湿地作为自己迁徙停留和越冬的理想场所。

为准确掌握石羊河湿地水鸟资源状况，普及爱鸟护鸟知识，教育和引导社会公众树立生态保护意识，我们在常态化科研监测和全国第二次陆生野生动物资源调查秋季迁徙水鸟同步调查的基础上，组织专业技术人员编写了这部《石羊河湿地鸟类图鉴》，以期达到开展科普宣传教育，普及鸟类保护知识，提高全民保护意识，促进人与自然和谐共存的目的。图鉴的编写参考了《甘肃湿地鸟类图鉴》《中国鸟类野外手册》等资料，得到了甘肃省野生动植物管理局退休高级工程师陶治等同志的大力支持。采用了郑光美院士《中国鸟类分类与分布名录（第三版）》（2017年）的鸟类分类系统。因技术水平和设备限制因素，部分鸟类照片未能现场采集到，兰州大学包新康教授以及一些社会人士给予了大力协助，我们一并表示诚挚的感谢。

由于编者专业知识有限，缺点和错误在所难免，敬请广大读者批评指正。

编　者

2020年12月

目 录 / contents

䴙䴘目　PODICIPEDIFORMES

鸽形目　COLUMBIFORMES

沙鸡目　PTEROCLIFORMES

夜鹰目　CAPRIMULGIFORMES

雨燕目　APODIEORMES

鹃形目 CUCULIFORMES

鹤形目 GRUIFORMES

鸻形目 CHARADRIIFORMES

鹳形目 CICONIIFORMES

鲣鸟目 SULIFORMES

鹈形目 PELECANIFORMES

鹰形目 ACCIPITRIFORMES

鸮形目 STRIGIFORMES

犀鸟目 BUCEROTIFORMES

佛法僧目 CORACIIFORMES

啄木鸟目 PICIFORMES

隼形目 FALCONIFORMES

雀形目 PASSERIFORMES

石羊河湿地概况

石羊河是甘肃省河西走廊内陆水系的第三大河，古名谷水。河流发源于祁连山脉东段冷龙岭北侧，年径流量 15.91 亿 m^3。下游进入民勤绿洲后，孕育了丰富的湿地资源。其中，以石羊河河流湿地资源最具代表性，其承担着民勤绿洲水源保护、涵养、固沙和维系生物多样性等重要生态功能，是石羊河流入民勤盆地后，唯一由河流湿地、沼泽湿地、人工湿地形成的复合湿地生态系统。2012 年、2017 年两次湿地资源调查数据显示，石羊河湿地总面积 3238.6hm^2，占到全县湿地总面积（58187.58hm^2）的 5.57%。其中，河流湿地 944.8hm^2，沼泽湿地 503.3hm^2，人工（库塘）湿地 1790.5hm^2。亚洲最大的沙漠水库——红崖山水库处在石羊河湿地区域内。

石羊河湿地分布有高等植物 38 科 122 属 197 种。主要优势植物以人工乔木林和天然灌木林为主，湿地植被则以芦苇、水烛、藨草、赖草为主。有脊椎动物 5 纲 27 目 51 科 156 种，其中鸟类 19 目 42 科 118 种。有重点野生保护动物 22 种，其中有白尾海雕、黑鹳、金雕 3 种国家Ⅰ级保护动物，大天鹅、鸢、苍鹰等国家Ⅱ级保护动物 12 种，大白鹭、斑头雁、灰雁等省级保护动物 7 种。

被称为“地球之肾”的湿地，是珍贵的自然资源，也是重要的生态系统，具有不可替代的综合功能，在民勤这样一个生态脆弱的沙漠干旱县份，显得尤为重要和稀缺。自 2012 年设立国家湿地公园以来，民勤县委、政府把石羊河湿地保护摆上更加突出的位置，与经济社会发展各项任务统筹考虑，落实各有关方面的保护责任，切实加强石羊河湿地保护与修复。积极推进制度建设，建立、完善、健全、有效的保护制度和长效管理机制。不断强化宣传教育，提高全民湿地保护意识。切实加大投入，实施好湿地保护、恢复重大工程，不断扩大湿地面积，增强湿地生态系统稳定性。目前，石羊河湿地保护体系基本形成，重点区域湿地得到抢救性保护，湿地生态状况得到明显改善，为当地经济社会发展作出了重要贡献。

河流湿地

库塘湿地

灌丛沼泽湿地

泛洪平原湿地

鸡形目 GALLIFORMES

雉科 Phasianidae

石鸡 *Alectoris chukar*

形态特征：石鸡是雉科石鸡属的鸟类，又叫嘎拉鸡。虹膜栗褐色，嘴和眼周裸出部以及脚、趾均为珊瑚红色。眼的上方有一条宽宽的灰白纹。围绕头侧和黄棕色的喉部有完整的黑色环带。上体为紫棕褐色，胸部为灰色，腹部为棕黄色，两胁各具十余条黑、栗色并列的横斑。中央尾羽为棕灰色，其余尾羽为栗色。石羊河国家湿地公园夏秋季可见。

雉鸡 *Phasianus colchicus*

形态特征：雉鸡是鸡形目雉科的鸟类，共有31个亚种。雄鸟羽色华丽，颈部常有白色颈圈，与金属绿色的颈部形成显著的对比；尾羽长且有横斑。头顶为棕褐色，眼先和眼周裸出皮肤为绯红色。在眼后裸皮上方，白色眉纹下有一小块蓝黑色短羽。耳羽丛亦为蓝黑色。颈部有一黑色横带，一直延伸到颈侧，与喉部的黑色相连，且具绿色金属光泽。两胁淡黄色，近腹部为栗红色，羽端具一大形黑斑。腹部为黑色。雌鸟较雄鸟为小，羽色亦不如雄鸟艳丽，头顶和后颈棕白色，具黑色横斑，尾羽也较短。石羊河国家湿地公园常年可见。

雁形目 ANSERIFORMES

鸭科 Anatidae

豆雁 *Anser fabalis*

形态特征：豆雁是鸭科雁属的鸟类，属大型（约 80cm）雁类，外形大小和形状似家鹅。两性相似。头、颈为棕褐色，肩、背为灰褐色，具淡黄白色羽缘，喉、胸为淡棕褐色，腹为污白色，两胁具灰褐色横斑，尾下覆羽为白色。虹膜为褐色，嘴甲和嘴基为黑色，嘴甲和鼻孔之间有一橙黄色横斑沿嘴的两侧边缘向后延伸至嘴角；脚为橙黄色，爪为黑色。石羊河国家湿地公园秋冬季可见。

灰雁 *Anser anser*

形态特征：灰雁是鸭科雁属的鸟类，又名大雁。雌雄相似，雄略大于雌。头顶和后颈为褐色，嘴基有一条窄的白纹，繁殖期间呈锈黄色，有时白纹不明显。背和两肩为灰褐色，具棕白色羽缘；腰为灰色，腰两侧为白色，尾羽为褐色，具白色端斑和羽缘，头侧、颏和前颈为灰色，胸、腹为污白色，杂有不规则的暗褐色斑，由胸向腹逐渐增多。两胁为淡灰褐色，羽端为灰白色，尾下覆羽为白色。虹膜为褐色，嘴为肉色，跗蹠（fū zhí）为肉色。石羊河国家湿地公园秋冬季可见。

斑头雁 *Anser indicus*

形态特征：斑头雁是雁形目鸭科雁属鸟类，又名白头雁、黑纹头雁，两性相似，但雌鸟略小。成鸟头顶污白色；头顶后部有二道黑色横斑，前一道在头顶稍后，较长，延伸至两眼，呈马蹄铁形状；后一道位于枕部，较短。头部白色向下延伸，在颈的两侧各形成一道白色纵纹；后颈为暗褐色。背部为淡灰褐色，羽端缀有棕色，形成鳞状斑；翅覆羽为灰色，外侧初级飞羽为灰色；腰及尾上覆羽为白色；尾为灰褐色，具白色端斑。虹膜为暗棕色，嘴为橙黄色，嘴甲为黑色，脚和趾为橙黄色。石羊河国家湿地公园秋冬季可见。

大天鹅 *Gygnus Cygnus*

形态特征：大天鹅是鸭科天鹅属的鸟类，体长可达1.5m。全身羽毛均为雪白的颜色，雌雄同色，雌较雄略小，仅头稍沾棕黄色。虹膜为暗褐色，嘴端为黑色，上嘴基部为黄色，此黄斑沿两侧向前延伸至鼻孔之下，形成一喇叭形。跗蹠（fū zhí）、蹼（pǔ）、脚均为黑色。幼鸟全身为灰褐色，头和颈部较暗，下体、尾和飞羽较淡，嘴基部为粉红色，嘴端为黑色；一年后它们才完全长出和成鸟的羽毛相同的白羽毛。属国家Ⅱ级保护动物，石羊河国家湿地公园冬季可见。

翘鼻麻鸭 *Tadorna tadorna*

形态特征：翘鼻麻鸭是鸭科麻鸭属的鸟类，又名翘鼻鸭，体形中等（60cm），身体颜色醒目。雄鸟的头部和上颈为黑褐色，具有绿色光泽，下颈、背、腰、尾覆羽和尾羽全为白色，尾羽具黑色横斑。由上背至胸有一条宽阔的栗色环带；胸部栗色环带中间有一条黑褐色纵带向后经腹部一直延伸至肛周。嘴为赤红色，基部生有一个突出的红色皮质瘤，颜色艳丽。虹膜为棕褐色或褐色，嘴为赤红色或紫红色，腿为红色或粉红色，爪为黑色。石羊河国家湿地公园秋冬季可见。

赤麻鸭　*Tadorna ferruginea*

形态特征：赤麻鸭是鸭科麻鸭属的鸟类，又名黄鸭。雄鸟头顶为棕白色；颊、喉、前颈及颈侧为淡棕黄色；胸、上背及两肩均为赤黄褐色，下背稍淡；腰羽为棕褐色，具暗褐色虫蠹（dù）状斑；尾和尾上覆羽为黑色；翅上覆羽为白色，微沾棕色；下体为棕黄褐色，其中以上胸和下腹以及尾下覆羽最深；腋羽和翼下覆羽为白色。雌鸟羽色和雄鸟相似，但体色稍淡，头顶和头侧几乎为白色，颈基无黑色领环。幼鸟和雌鸟相似，但稍暗些，微沾灰褐色，特别是头部和上体。虹膜为暗褐色，嘴和脚为黑色。石羊河国家湿地公园常年可见，且有大量分布。

赤膀鸭 *Mareca strepera*

形态特征：赤膀鸭是雁形目鸭科鸭属的鸟类，中等体型（约 50cm）。雄鸟前额为棕色，头顶为棕色并杂有黑褐色斑纹；头侧及头上部为浅白色并杂以褐色斑点；自嘴基经眼到耳区有一条暗褐色贯眼纹；上背和两肩具波状白色细斑，下背纯暗褐色，具浅色羽缘；腰、尾侧、尾上和尾下覆羽绒为黑色，尾羽为灰褐色而具白色羽缘；前颈下部及胸为暗褐色，密杂以星月形白斑，呈鳞片状；腋羽为纯白色。雌鸟上体暗褐色，具浅棕色边缘；上背和腰羽色深暗，近黑色；翅上覆羽和飞羽暗灰褐色，覆羽具白色羽缘，飞羽具棕色羽缘，翅上亦无棕栗色斑；头和颈侧为浅棕白色，密杂以褐色细纹；下体为棕白色。虹膜为暗棕色，雄鸟嘴为黑色，雌鸟嘴为橙黄色，脚为黑色。石羊河国家湿地公园春秋季可见。

绿头鸭 *Anas platyrhynchos*

形态特征：绿头鸭是鸭科鸭属的鸟类。雄鸟头、颈为绿色具辉亮的金属光泽；颈基有一白色领环；上背和两肩为褐色，杂以密集灰白色波状细斑，羽缘为棕黄色；中央两对尾羽为黑色，向上卷曲成钩状，外侧尾羽为灰褐色具白色羽缘，最外侧尾羽大都灰白色；两翅为灰褐色，前后缘各有一条绒黑色窄纹和白色宽边；上胸为浓栗色，具浅棕色羽缘；下胸和两胁为灰白色，杂以细密的暗褐色波状纹；腹部亦密布暗褐色波状细斑；尾下覆羽为绒黑色。雌鸟头顶至枕部为黑色具棕黄色羽缘；头侧、后颈和颈侧为浅棕黄色，杂有黑褐色细纹。虹膜为棕褐色；雄鸟嘴黄绿色或橄榄绿色，嘴甲为黑色，跗蹠（fū zhí）为红色；雌鸟嘴为黑褐色，嘴端为暗棕黄色；跗蹠为橙黄色。石羊河国家湿地公园冬季可见。

斑嘴鸭 *Anas zonorhyncha*

形态特征：斑嘴鸭是雁形目鸭科鸭属，别名花嘴鸭，体型较大（约60cm）。雌雄羽色相似。从额至枕部为棕褐色，从嘴基经眼至耳区有一棕褐色过眼纹；眉纹为淡黄白色；眼先、颊、颈侧、颏、喉均呈淡黄白色，并缀有暗褐色斑点；上背为灰褐色，具棕白色羽缘；下背为褐色；腰、尾上覆羽和尾羽为黑褐色，尾羽羽缘较浅淡；胸为淡棕白色，杂有褐斑；腹为褐色，羽缘为灰褐色至黑褐色；尾下覆羽为黑色，翼下覆羽和腋羽为白色。虹膜为黑褐色，外围为橙黄色；嘴为蓝黑色，具橙黄色端斑；嘴甲尖端微具黑色，跗蹠（fū zhí）和趾（zhǐ）为橙黄色，脚为黑色。石羊河国家湿地公园秋冬季可见。

绿翅鸭 *Anas crecca*

形态特征：绿翅鸭是鸭科鸭属的鸟类。雄鸟自眼周往后有一宽阔的具有光泽的绿色带斑，经耳区向下与另一侧的带斑相连于后颈基部；自嘴角至眼有一窄的浅棕白色细纹在眼前分别向眼后绿色带斑上下缘延伸；上背、两肩、两胁均有黑白相间的细斑；下背、腰为暗褐色，羽缘较淡；尾上覆羽为黑褐色，具浅棕色羽缘；尾羽亦为黑褐色，但较为深暗；两翅表面大都为暗灰褐色，数枚外翅为金属翠绿色。雌鸟上体暗褐色，具棕色或棕白色羽缘；下体白色或棕白色，杂以褐色斑点；下腹和两胁具暗褐色斑点。虹膜为淡褐色，嘴为黑色，跗蹠（fū zhí）为棕褐色。石羊河国家湿地公园秋季可见。

琵嘴鸭　*Spatula clypeata*

形态特征：琵嘴鸭是鸭科鸭属的鸟类，又名琵琶嘴鸭。雄鸟头、颈为暗绿色；背为暗褐色，具淡棕色羽缘；上背两侧和外侧肩羽为白色，其余肩羽除2枚较长的内侧肩羽外缘为蓝灰色外，均为黑褐色，中间有一条宽的白色羽轴纹，沿羽干直达羽尖；腰为暗褐色，两侧为白色，尾上覆羽为金属绿色，中央尾羽为暗褐色，具白色羽缘；外侧尾羽白色，具稀疏的褐色斑点；下颈和胸为白色，并向上扩展到背侧，与背两侧的白色相连为一体；较短的尾下覆羽基部为白色具黑色细斑，端部为黑色；较长的呈纯黑色，仅羽端有细小白色斑点。雌鸟上体暗褐色，头顶至后颈杂有浅棕色纵纹，背和腰有淡红色横斑和棕白色羽缘，尾上覆羽和尾羽具棕白色横斑；翅上覆羽大多为蓝灰色，具淡棕色羽缘。虹膜雄鸟为金黄色，雌鸟为淡褐色；雄鸟嘴为黑色，雌鸟嘴为黄褐色，上嘴末端扩大成铲状，跗蹠（fū zhí）为橙红色，爪为蓝黑色。石羊河国家湿地公园春秋季可见。

赤嘴潜鸭 *Netta rufina*

形态特征：赤嘴潜鸭是鸭科狭嘴潜鸭属的鸟类。雄鸟额、头侧、喉及上颈两侧为深栗色，头顶至颈项冠羽为淡棕黄色。下颈至上背为黑色，具淡棕色羽缘；下背为褐色。腰和尾上覆羽为黑褐色，具绿色光泽；尾羽为灰褐色，具近白色羽缘；两肩为棕褐色，基部有一块显著的白斑；上体为淡棕褐色，腰部较暗；下体为淡灰褐色，胸及两胁较浓而微沾棕色，尾下覆羽为污白色或淡褐色。虹膜雄鸟为红色或棕色，雌鸟棕褐色；雄鸟嘴为红色、前端较淡，雌鸟嘴为灰褐色，外缘粉红色；雄鸟跗蹠（fū zhí）为土黄色，雌鸟为淡黄褐色。石羊河国家湿地公园秋冬季可见。

红头潜鸭　*Aythya ferina*

形态特征： 红头潜鸭是雁形目鸭科潜鸭属的鸟类，又名红头鸭。雄鸟头和上颈为栗红色，下颈和胸为棕黑色，两肩、下背、翅上及两胁均为淡灰色，缀以黑色波状斑纹；外侧覆羽为灰褐色；上胸为暗黄褐色，微具白色羽端，下胸及腹为灰色；下腹有不规则的黑色细斑；尾下覆羽和腋羽为白色。雌鸟头、颈为棕褐色，上背为暗黄褐色，下背、肩及内侧翅覆羽为灰褐色，具灰白色端斑且杂有细的黑色波状纹。虹膜为黄色，嘴为淡蓝色，基部和先端为淡黑色，跗蹠（fū zhí）和趾（zhǐ）为铅色。石羊河国家湿地公园秋冬季可见。

白眼潜鸭　*Aythya nyroca*

形态特征：白眼潜鸭是雁形目鸭科潜鸭属的鸟类。雄鸟头、颈为浓栗色，颏部有一三角形白色小斑；颈部有一明显的黑褐色领环；上体为黑褐色，上背和肩有不明显的棕色虫蠹状斑；腰和尾上覆羽为黑色；胸为浓栗色，两胁为栗褐色，上腹为白色，下腹为淡棕褐色，肛区两侧为黑色，尾下覆羽为白色；雌鸟头和项为棕褐色，头顶和颈较暗，喉部亦杂有白色，腰和尾上覆羽为黑褐色，背和肩具棕褐色羽缘；雄鸟虹膜为银白色，雌鸟灰褐色；嘴为黑灰色或黑色，跗蹠（fū zhí）为银灰色或黑色和橄榄绿色。石羊河国家湿地公园秋冬季可见。

凤头潜鸭 *Aythya fuligula*

形态特征：凤头潜鸭是鸭科潜鸭属的鸟类。雄鸟头和颈为黑色，具紫色光泽；头顶有丛生的长形黑色冠羽披于头后；背、尾上和尾下覆羽均为深黑色；下背、肩和翅上内侧覆羽杂有乳白色细小斑点。雌鸟头、颈、胸和整个上体为黑褐色，羽冠也为黑褐色，但较雄鸟短，也无光泽;额基有不甚明显的白斑;上胸为淡黑褐色，微杂以白斑;下胸、腹和两胁为灰白色，并带有不明显的淡褐色斑，尾下覆羽为黑褐色。虹膜为金黄色，嘴为蓝灰色或铅灰色，嘴甲为黑色，跗蹠（fū zhí）为铅灰色，蹼（pǔ）为黑色。石羊河国家湿地公园春秋季可见。

鹊鸭 *Bucephala clangula*

形态特征：鹊鸭为鸭科鹊鸭属的鸟类，体长约50cm。雄鸟头和上颈黑色，具紫蓝色金属光泽；两颊近嘴基处各有一大型白色圆斑，下颈为白色；背、两侧肩羽、腰、尾上覆羽和尾黑色；外侧肩羽为白色，羽缘为黑色，在背的两侧形成黑纹；下颈、胸、腹及两胁为白色，尾下覆羽为灰色至黑褐色，肛周为灰褐色而杂有白点。雌鸟头和上颈为褐色，颈的基部有一污白色颈环;上体为淡黑褐色，羽端为灰白色;尾为灰褐色。虹膜为金黄色，雌鸟较淡；雄鸟嘴为黑色，雌鸟嘴为褐色，嘴端为橙色，嘴甲为黑色；雄鸟跗蹠（fū zhí）为黄色，蹼（pǔ）为黑色，爪为黑褐色，雌鸟跗蹠为黄褐色，蹼为暗黑色，脚为橙褐色。石羊河国家湿地公园春秋冬季可见。

斑头秋沙鸭 *Mergellus albellus*

形态特征：斑头秋沙鸭，体型小（约 40cm）而优雅的黑白色鸭。繁殖期雄鸟体为白色，但眼罩、枕纹、上背及胸侧的狭窄条纹为黑色，体侧具灰色蠕虫状细纹；雌鸟及非繁殖期雄鸟上体为灰色，具两道白色翼斑；下体为白色，眼周为近黑色，额、顶及枕部为栗色。与普通秋沙鸭的区别在于喉为白色。虹膜为褐色；嘴为近黑；脚为灰色。雄鸟发情时发出呱呱低声及啸音。雌鸟发出低沉的哮声。石羊河国家湿地公园冬季可见。

普通秋沙鸭 *Mergus merganser*

形态特征：普通秋沙鸭是鸭科秋沙鸭属的鸟类，又称川秋沙鸭。雄鸟头和上颈为黑褐色，具绿色金属光泽，枕具短而厚的黑褐色羽冠，下颈为白色；上背为黑褐色，肩羽外侧为白色，内侧为黑褐色，下背为灰褐色，腰和尾上覆羽为灰色，尾羽为灰褐色；下体从下颈、胸，一直到尾下覆羽均为白色。雌鸟额、头顶、枕和后颈为棕褐色，头侧、颈侧以及前颈为淡棕色，肩羽为灰褐色，颏、喉为白色，微缀棕色。虹膜为暗褐色或褐色，嘴为暗红色，跗蹠（fū zhí）为红色。石羊河国家湿地公园秋冬季可见。

䴙䴘目　PODICIPEDIFORMES

䴙䴘科　Podicipedidae

小䴙䴘　*Thchybaptus ruficollis*

形态特征：小䴙䴘(pì tī)是䴙䴘科身形较小（体长约27cm）的䴙䴘。成鸟上体黑褐色，部分羽毛尖端苍白；眼先、颊、上喉等黑褐；下喉、耳羽、颈侧红栗色；前胸、两胁、肛周均灰褐色，前胸羽端苍白或白色，后胸和腹丝光白色，沾些与前胸相同的灰褐色，腋羽和翼下覆羽白。虹膜黄色；嘴黑而具白端；跗蹠（fū zhí）和趾等均为石板灰色。繁殖季节颈部的羽色为栗红，冬季颈部羽色变淡，羽毛松软如丝，嘴细直而尖；翅短圆，尾羽均为短小绒羽；脚位于体的后部，跗骨侧扁，前趾各具瓣状蹼（pǔ）。石羊河国家湿地公园冬季可见。

凤头䴙䴘 *Podiceps cristatus*

形态特征：凤头䴙䴘（pì tī）是体形最大（约56cm）的一种䴙䴘。颈修长，有显著的黑色羽冠。嘴又长又尖，从嘴角到眼睛还长着一条黑线；下体近乎白色而具光泽，上体为灰褐色；上颈有一圈带黑端的棕色羽，形成皱领；后颈为暗褐色，两翅杂以白斑；眼先、颊为白色；胸侧和两胁为淡棕色。脚的位置几乎处于身体末端，尾羽短而不显，趾侧有瓣状蹼（pǔ）。雄雌差别不大。虹膜为橙红色，嘴为黑褐色（冬季为红色），基部为红色，尖端苍白色，跗蹠（fū zhí）内侧为黄绿色，外侧为橄榄绿色。石羊河国家湿地公园全年可见。

黑颈䴙䴘 *Podiceps nigricollis*

形态特征：黑颈䴙䴘(pì tī）为中等体型（约 30cm）的䴙䴘。夏羽头、颈和上体为黑色；眼后有一簇呈扇形散开像头发一样的丝状饰羽，基部为棕红色，逐渐变为金黄色；两翅覆羽为黑褐色；胸、腹为丝光白色，肛周为灰褐色，胸侧和两胁为栗红色，缀有褐色斑；翅下覆羽和腋羽为白色。冬羽额、头顶、枕、后颈至背为石板黑色，微缀褐色光泽；颏、喉、颊及后头两侧为白色，前颈为暗褐色；腰中部为黑色，腰侧和尾部为白色，具黑色羽尖；翅上覆羽为灰褐色；胸、腹羽为银白色；胸侧和腹侧羽端具灰黑色斑；下腹和肛区为褐色，具白色羽端。虹膜为红色，嘴为黑色，微向上翘；跗蹠（fū zhí）外侧为黑色，内侧为灰绿色。石羊河国家湿地公园冬季可见。

鸽形目　COLUMBIFORMES

鸠鸽科　Columbidae

岩鸽　*Columba rupestris*

形态特征：岩鸽为鸠鸽科鸽属的鸟类。雄鸟头、颈和上胸为石板蓝灰色，颈和上胸缀金属铜绿色，并极富光泽，颈后缘和胸上部还具紫红色光泽，形成颈圈状；上背和两肩大部呈灰色，翅上覆羽为浅石板灰色，大覆羽具二道不完全的黑色横带；下背白色，腰和尾上覆羽为暗灰色。尾为石板灰黑色，先端黑色，近尾端处横贯一道宽阔的白色横带。颏、喉为暗石板灰色，自胸以下为灰色，至腹变为白色，腋羽亦为白色。雌鸟与雄鸟相似，但羽色略暗，特别是尾上覆羽，胸也少紫色光泽，不如雄鸟鲜艳。虹膜为橙黄色，嘴为黑色，跗蹠（fū zhí）及趾为暗朱红色，脚为黑褐色。石羊河国家湿地公园常年可见。

山斑鸠　*Streptopelia orientalis*

形态特征：山斑鸠是鸽鸠科斑鸠属的鸟类，也叫山鸠、大花鸽。山斑鸠雌雄相似。前额和头顶前部为蓝灰色，头顶后部至后颈转为沾栗的棕灰色，颈基两侧各有一块羽缘为蓝灰色的黑羽，形成显著黑灰色颈斑；上背为褐色，各羽缘为红褐色；下背和腰为蓝灰色，尾上覆羽和尾同为褐色，具蓝灰色羽端，愈向外侧，蓝灰色羽端愈宽阔。最外侧尾羽外翈灰白色。肩和内侧飞羽黑褐色，具红褐色羽缘；外侧中覆羽和大覆羽为深石板灰色，羽端较淡；飞羽为黑褐色，羽缘较淡。下体为葡萄酒红褐色，颏（kē）、喉为棕色沾染粉红色，胸为沾灰色，腹为淡灰色，两胁、腑羽及尾下覆羽为蓝灰色。虹膜为金黄色或橙色，嘴为铅蓝色，脚为褐色。石羊河国家湿地公园常年可见。

灰斑鸠 *Streptopelia decaocto*

形态特征：灰斑鸠是鸽鸠科斑鸠属的鸟类，俗称灰鸽子，中等体型（约 32cm）。额和头顶前部为灰色，向后逐渐转为浅粉红灰色；后颈基处有一道半月形醒目的黑色领环，其前后缘均为灰白色；背、腰、两肩和翅上小覆羽均为淡葡萄色，其余翅上覆羽为淡灰色或蓝灰色，飞羽为黑褐色；尾上覆羽为淡葡萄灰褐色，较长的数枚尾上覆羽沾灰，中央尾羽为葡萄灰褐色，外侧尾羽为灰白色，羽基为黑色。颏（kē）、喉为白色，其余下体淡粉红灰色，胸带粉红色，尾下覆羽和两胁为蓝灰色，翼下覆羽为白色。石羊河国家湿地公园常年可见。

沙鸡目　PTEROCLIFORMES

沙鸡科　Pteroclidae

毛腿沙鸡　*Syrrhaptes paradoxus*

形态特征：毛腿沙鸡是沙鸡目沙鸡科沙鸡属的鸟类，别名沙鸡，全身长约37cm。雄鸟前额、头顶前部和头侧为锈黄色，头顶后部、后颈为棕灰色，颈侧为灰色，后颈基部两侧为锈红色；上体为沙棕色缀以黑色横斑，其中肩、背部横斑较粗而稀，往后较细而密；翼缘为砂棕色而杂有黑斑；中央一对尾羽特别尖长，呈沙棕色，羽干两侧具灰色横斑，羽缘为黑褐色；颏为棕色，喉为锈红色，胸为棕灰色；下胸为棕白色，形成条宽阔的棕白色胸带，其上还杂有数条黑色细斑;腹为淡沙棕色，腹中央有一大形黑斑，并延伸至两胁;覆腿羽及尾下覆羽为白色，较长的尾下覆羽有灰黑色“V”形纵纹;腋羽为白色而缀以黑端。雌鸟与雄鸟相似。虹膜为暗褐色，嘴为蓝灰色，脚为黑色。石羊河国家湿地公园夏秋季可见。

夜鹰目　CAPRIMULGIFORMES

夜鹰科　Caprimulgidae

普通夜鹰　*Caprimulgus indicus*

形态特征：普通夜鹰是夜鹰科夜鹰属的鸟类，体长约27cm。上体为灰褐色，密杂以黑褐色和灰白色虫蠹（dù）斑；额、头顶、枕具宽阔的绒黑色中央纹；背、肩羽羽端具黑色块斑和细的棕色斑点；两翅覆羽和飞羽为黑褐色；其上有锈红色横斑和眼状斑；中央尾羽为灰白色，具有宽阔的黑色横斑；横斑间还杂有黑色虫蠹斑；最外侧尾羽为黑色，具宽阔的灰白色和棕白色横斑；横斑上杂有黑褐色虫蠹斑；颏（kē）、喉黑褐色，羽端具棕白色细纹；下喉具一大形白斑。胸为灰白色，满杂以黑褐色虫蠹和横斑；腹和两胁红棕色，具密的黑褐色横斑；尾下覆羽红棕色或棕白色，杂以黑褐色横斑。虹膜为褐色；嘴为偏黑色；脚为巧克力色。石羊河国家湿地公园春秋季可见。

雨燕目　APODIEORMES

雨燕科　Apodidae

普通雨燕　*Apus apus*

形态特征：普通雨燕是雨燕目雨燕科雨燕属的鸟类。它们的体形比较纤小，两性相似，体羽大多为黑色；嘴形宽阔而平扁，先端稍向下曲，嘴裂很深，雨燕的上嘴没有缺刻，没有嘴须。白色的喉及胸部被一道深褐色横带隔开；两翼窄而长，飞时向后弯曲如镰刀。虹膜为暗褐色，嘴为纯黑色，脚为黑褐色。石羊河国家湿地公园春秋季可见。

鹃形目 CUCULIFORMES

杜鹃科 Cuculidae

大杜鹃 *Cuculus canorus*

形态特征：大杜鹃是杜鹃科杜鹃属的鸟类，俗名布谷鸟。大额为浅灰褐色，头顶、枕至后颈为暗银灰色，背为暗灰色，腰及尾上覆羽为蓝灰色，中央尾羽为黑褐色，羽轴纹为褐色，沿羽轴两侧具白色细斑点，且多成对分布，末端具白色斑，两侧尾羽为浅黑褐色，羽干两侧也具白色斑点，且白斑较大，内侧边缘也具一系列白斑和白色端斑。两翅内侧覆羽为暗灰色，外侧覆羽和飞羽为暗褐色。下体颏、喉、前颈、上胸，以及头侧和颈侧淡灰色，其余下体白色，并杂以黑褐色细窄横斑，胸及两胁横斑较宽，向腹和尾下覆羽渐细而疏。虹膜为黄色，嘴为黑褐色，下嘴基部近黄色，脚为棕黄色。石羊河国家湿地公园春秋季可见。

鹤形目　GRUIFORMES

秧鸡科　Rallidae

黑水鸡　*Gallinula chloropus*

形态特征：黑水鸡是鹤形目秧鸡科水鸡属。成鸟两性相似，雌鸟稍小。额甲鲜红色，端部圆形。头、颈及上背灰黑色，下背、腰至尾上覆羽和两翅覆羽暗橄榄褐色。飞羽和尾羽黑褐色，翅缘白色。下体灰黑色，向后逐渐变浅，羽端微缀白色。下腹羽端白色较大，形成黑白相杂的斑块；两胁具宽的白色条纹；尾下覆羽中央黑色，两侧白色。翅下覆羽和腋羽暗褐色，羽端白色。虹膜为红色，嘴端为淡黄绿色；上嘴基部至额板深血红色，下嘴基部为黄色；脚为黄绿色，裸露的胫上部具宽阔的红色环带。黑水鸡已被列入国家Ⅲ级保护鸟类。石羊河国家湿地公园春秋季可见。

白骨顶 *Fulica atra*

形态特征：白骨顶是秧鸡科骨顶属的鸟类，体长约40cm，比黑水鸡体大。体羽全黑或暗灰黑色，具白色额甲，趾间具瓣蹼。嘴长度适中，高而侧扁，端部钝圆；跗蹠（fū zhí）短于中趾，不连爪；多数尾下覆羽有白色，上体有条纹，下体有横纹;两性相似;身体短而侧扁;头小，颈短，翅很宽、短圆，尾短，常摇摆或翘起尾羽以显示尾下覆羽的信号色。成鸟两性相似，头具白色额甲，端部钝圆，雌鸟额甲较小。虹膜为红褐色；嘴端灰色，基部淡肉红色；腿、脚、趾及瓣蹼（pǔ）为橄榄绿色，爪为黑褐色。石羊河国家湿地公园秋冬季可见。

鹤科 Gruidae

蓑羽鹤 *Grus virgo*

形态特征：蓑羽鹤是鹤科鹤属的鸟类，又名闺秀鹤。头侧、颏、喉和前颈为黑色；眼后和耳羽为白色，羽毛延长成束状，垂于头侧；头顶珍珠灰色；喉和前颈羽毛也极度延长成蓑状，悬垂于前胸；其余头、颈和体羽为蓝灰色；大覆羽为石板灰色，但羽端黑色，体型异常纤瘦。虹膜为红色或紫红色，嘴为黄绿色，脚和趾为黑色。是世界现存15种鹤中体型最小的一种，属中国国家Ⅱ级保护动物。石羊河国家湿地公园春秋季可见。

灰鹤 *Grus grus*

形态特征：灰鹤是鹤科鹤属的大型涉禽，别名千岁鹤，体长约130cm。后趾小而高位，不能与前三趾对握，因此不能栖息在树上；成鸟两性相似，雌鹤略小；前额和眼先黑色，被有稀疏的黑色毛状短羽，冠部几乎无羽，裸出的皮肤为红色；眼后有一条白色宽纹穿过耳羽至后枕，再沿颈部向下到上背；身体其余部分为石板灰色，背、腰部灰色较深，胸、翅部灰色较淡，背常沾有褐色；喉、前颈和后颈为灰黑色。虹膜为红褐色；嘴为黑绿色，端部沾黄；腿和脚为灰黑色。国家Ⅱ级保护动物。石羊河国家湿地公园春秋季可见。

鸻形目　CHARADRIIFORMES

反嘴鹬科　Recurvirostridae

黑翅长脚鹬　*Himantopus himantopus*

形态特征：黑翅长脚鹬（yù）是反嘴鹬科长脚鹬属的鸟类，又名红腿娘子。夏羽雄鸟额为白色，头顶至后颈为白色而杂以黑色；翕（xī）、肩、背和翅上覆羽均为黑色，且富有绿色金属光泽；尾羽为淡灰色，外侧尾羽近白色；额、前头、两颊自眼下缘、前颈、颈侧、胸和其余下体概为白色；腋羽为白色，但飞羽下面黑色。雌鸟和雄鸟基本相似，但整个头、颈全为白色；冬羽和雌鸟夏羽相似，头颈均为白色，头顶至后颈有时缀有灰色。虹膜为红色，嘴细而尖，黑色；脚细长，血红色。幼鸟和冬羽相似，但头顶至后颈为灰色或黑色。石羊河国家湿地公园春秋季可见。

反嘴鹬 *Recurvirostria avosetta*

形态特征：反嘴鹬（yù）是反嘴鹬科反嘴鹬属的鸟类，又名反嘴鸻。眼先、前额、头顶、枕和颈上部为黑褐色，形成一个经眼下到后枕，然后弯向后颈的黑色帽状斑；其余颈部、背、腰、尾上覆羽和整个下体为白色；肩和翕（xī）两侧为黑色；尾为白色，末端为灰色，中央尾羽常缀灰色；内肩、翅上中覆羽和外侧小覆羽黑色。最长的肩羽为黑色，并缀有灰色；幼鸟和成鸟相似，但黑色部分变为暗褐色，上体白色部分大多缀有暗褐色斑点和羽缘。虹膜为褐色或红褐色，嘴为黑色，细长，显著地向上翘；脚为蓝灰色，少数个体呈粉红色或橙色。石羊河国家湿地公园春秋季可见。

鸻科 Charadriidae

凤头麦鸡 *Vanellus vanellus*

形态特征：凤头麦鸡是鸻(héng)科麦鸡属的鸟类。雄鸟夏羽额、头顶和枕部为黑褐色，头上有黑色反曲的长形羽冠；眼先、眼上和眼后为灰白色，并混杂有白色斑纹；眼下为黑色，少数个体形成一黑纹；耳羽和颈侧为白色，并混杂有黑斑；背和肩为暗绿色，具棕色羽缘和金属光泽。飞羽为黑色，肩羽末端沾紫色；尾上覆羽为棕色，尾羽基部为白色，端部为黑色并具棕白色或灰白色羽缘，外侧一对尾羽为纯白色；颏、喉为黑色，胸部具宽阔的黑色横带，前颈中部有一黑色纵带将黑色的喉和黑色胸带联结起来；下胸和腹为白色；尾下覆羽为淡棕色，腋羽和翼下覆羽为纯白色。雌鸟和雄鸟基本相似。虹膜为暗褐色，嘴为黑色，脚为肉红色或暗橙栗色。石羊河国家湿地公园春夏秋季可见。

灰头麦鸡　*Vanellus cinereus*

形态特征：灰头麦鸡是鸻(héng)科麦鸡属的鸟类。灰头麦鸡两性相似。成鸟头顶及后颈为灰褐色；肩、背及翼覆羽为褐色；尾羽为白色，具宽阔的黑色端斑，端斑由内向外渐小；中央尾羽的黑色端斑前缘和羽端渲染淡褐色，外侧尾羽羽端为白色；头顶两侧和喉或缀烟灰色，颏为灰白；胸为褐灰，其下缘为黑色，形成半圆形胸斑，下体余部白色；眼先具一小形黄色肉垂。虹膜为红色，嘴为黄色具黑端，胫部裸露部分、跗蹠（fū zhí）及趾为黄色，爪为黑色，有后趾。石羊河国家湿地公园春夏季可见。

金眶鸻　*Charadrius dubius*

形态特征：金眶鸻(héng)是鸻科鸻属小型鸻科鸟，全长约16cm。夏羽前额和眉纹为白色，额基和头顶前部为绒黑色，头顶后部和枕部为灰褐色，眼先、眼周和眼后耳区为黑色，并与额基和头顶前部黑色相连；眼睑四周为金黄色，后颈具一白色环带，向下与颏（kē）、喉部白色相连，紧接此白环之后有一黑领围绕着上背和上胸，其余上体灰褐色或沙褐色；下体除黑色胸带外全为白色。冬羽额顶和额基黑色全被褐色取代，额呈棕白色或皮黄白色，头顶至上体为沙褐色；眼先、眼后至耳覆羽以及胸带为暗褐色。虹膜为暗褐色，眼睑为金黄色，嘴为黑色，脚和趾为橙黄色。石羊河国家湿地公园春秋季可见。

环颈鸻 *Charadrius alexandrinus*

形态特征：环颈鸻(héng)是鸻科鸻属的鸟类。雄性额前和眉纹为白色；头顶前部具黑色斑，且不与穿眼黑褐纹相连。头顶后部、枕部至后颈为沙棕色或灰褐色；后颈具一条白色领圈；上体余部，包括背、肩、翅上覆羽、腰、尾上覆羽为灰褐色，腰两侧为白色；飞羽为黑褐色，羽干为白色；内侧的飞羽基部为白色。两侧尾羽为白色，中央尾羽为黑褐色，向端部渐黑；下体，包括颏（kē）、喉、前颈、胸、腹部为白色，只在胸部两侧有独特的黑色斑块；翼下覆羽和腋羽白色。虹膜为暗褐；嘴纤细，黑色；跗蹠（fū zhí）稍黑，有时为淡褐色或黄褐色；爪为黑褐色。石羊河国家湿地公园春秋季可见。

蒙古沙鸻 *Charadrius mongolus*

形态特征：蒙古沙鸻(héng)是鸻科鸻属的鸟类。夏羽头顶部为灰褐沾棕色，额部为白色；头顶前部具一黑色横带，连于两眼之间，将白色额部和头顶分开；眼先、贯眼纹和耳羽为黑色，其上后方有一白色眉斑；后颈为棕红色，向两侧延伸至上胸与胸部棕红色相连，形成一完整的棕红色颈环；背和其余上体为灰褐色或沙褐色；翅上大覆羽具白色羽端，外部白色，其余飞羽具白色羽轴，在翅上形成明显的白色翅斑。腰两侧为白色，尾为灰褐色，外侧两对尾羽外为硼白色，其余尾羽具黑褐色亚端斑和窄的白色尖端；颏（kē）、喉为白色。冬羽和夏羽相似，但所有的黑色和栗红色均变为褐色。虹膜为黑褐色，嘴为黑色，脚为暗灰绿色。石羊河国家湿地公园春秋季可见。

鹬科 Scolopacidae

丘鹬 *Scolopax rusticola*

形态特征：丘鹬是一种中小型涉水鹬科丘鹬属的鸟类。前额为灰褐色，杂有淡黑褐色斑；头顶和枕为绒黑色，具不甚规则的灰白色或棕白色横斑，并缀有棕红色；后颈多呈灰褐色，有窄的黑褐色横斑；上体为锈红色，杂有黑色、黑褐色及灰褐色横斑和斑纹；上背和肩具大型黑色斑块；飞羽、覆羽为黑褐色，具锈红色横斑和淡灰黄色端斑；下背、腰和尾上覆羽具黑褐色横斑；尾羽为黑褐色，内外侧均具锈红色锯齿形横斑，羽端表面为淡灰褐色，下面为白色。头两侧为灰白色，杂有少许黑褐色斑点；自嘴基至眼有一条黑褐色条纹；颏（kē）、喉为白色，其余下体为灰白色，略沾棕色，密布黑褐色横斑；腋羽为灰白色，密被黑褐色横斑。虹膜为深褐色；嘴为蜡黄色，尖端黑褐色；脚为灰黄色或蜡黄色。石羊河国家湿地公园春秋季可见。

孤沙锥 *Gallinago solitaria*

形态特征：孤沙锥是中型或小型涉禽。头顶黑褐色，具一条白色中央冠纹和淡栗色斑点；头侧和颈侧为白色，具暗褐色斑点；从嘴基到眼有一条黑褐色纵纹；眉纹为白色；后颈为栗色，具黑色和白色斑点，翕（xī）为黑褐色，具白色斑点；肩外缘为白色；上体为黑褐色，满杂以白色和栗色斑纹和横斑，背部横斑较窄；腰具窄的栗色横斑；尾上覆羽为淡栗色，到尖端逐渐变为灰色；尾较圆，基部为黑褐色，羽端为黄白色或白色，具黑白相间横斑；外侧尾羽窄而短；翅上覆羽为栗色，具黑褐色横斑和白色羽端；颏（kē）、喉为白色；前颈和上胸为栗褐色，具细的白色斑纹，下胸具淡色横斑；两胁具黑褐色横斑；其余下体白色；翅下覆羽和腋羽具窄的黑褐色和白色相间横斑。石羊河国家湿地公园春秋季可见。

白腰草鹬　*Tringa ochropus*

形态特征：白腰草鹬（yù）是中等体型（约 23cm）的矮壮型鹬。前额、头顶、后颈黑褐色，具白色纵纹；上背、肩、翅覆羽和飞羽为黑褐色，羽缘具白色斑点；下背和腰黑褐色，微具白色羽缘；尾上覆羽为白色，尾羽亦为白色，除外侧一对尾羽全为白色外，其余尾羽具宽阔的黑褐色横斑，横斑数目自中央尾羽向两侧逐渐递减；自嘴基至眼上有一白色眉纹，眼先黑褐色；颊、耳羽、颈侧为白色具细密的黑褐色纵纹；颏（kē）为白色，喉和上胸为白色密被黑褐色纵纹；胸、腹和尾下覆羽为纯白色，胸侧和两胁亦为白色，具黑色斑点；腋羽和翅下覆羽为黑褐色具细窄的白色波状横纹。冬羽和夏羽基本相似。虹膜为暗褐色，嘴为灰褐色或暗绿色，尖端为黑色，脚为橄榄绿色或灰绿色。石羊河国家湿地公园春秋季可见。

鹤鹬 *Tringa erythropus*

形态特征：鹤鹬（yù）是中等体型（约 30cm）的鹬科鹬属的小型红腿灰色涉禽。嘴长且至直；夏季通体黑色，眼圈为白色，在黑色的头部极为醒目；背具白色羽缘，使上体呈黑白斑驳状；头、颈和整个下体为纯黑色，仅两胁具白色鳞状斑；嘴细长、直而尖，下嘴基部为红色，余为黑色；脚亦长细、暗红色；冬季背为灰褐色，腹为白色，胸侧和两胁具灰褐色横斑；眉纹为白色，脚为鲜红色；腰和尾为白色，尾具褐色横斑，飞翔时红色的脚伸出于尾外，与白色的腰和暗色的上体成鲜明对比。石羊河国家湿地公园春秋季可见。

红脚鹬 *Tringa totanus*

形态特征：红脚鹬（yù）是鹬科鹬属的中等体型（约 28cm）鸟类。夏羽头及上体为灰褐色，具黑褐色羽干纹；后头沾棕色；背和两翅覆羽具黑色斑点和横斑；下背和腰为白色；尾上覆羽和尾也是白色，但具窄的黑褐色横斑；自上嘴基部至眼上前缘有一白斑；额基、颊、颏（kē）、喉、前颈和上胸白色，具细密的黑褐色纵纹，下胸、两胁、腹和尾下覆羽为白色；两胁和尾下覆羽具灰褐色横斑；腋羽和翅下覆羽为白色。冬羽，头与上体为灰褐色，黑色羽干纹消失，头侧、颈侧与胸侧具淡褐色羽干纹，下体为白色，其余似夏羽。虹膜为黑褐色，嘴长直而尖，基部为橙红色，尖端为黑褐色；脚较细长，呈亮橙红色，繁殖期变为暗红色。石羊河国家湿地公园秋季可见。

矶鹬 *Actitis hypoleucos*

形态特征：矶鹬（yù）是鹬科矶鹬属的水鸟。头、颈、背、翅覆羽和肩羽橄榄绿褐色，具绿灰色光泽，各羽均具细而闪亮的黑褐色羽干纹和端斑；飞羽为黑褐色，内翈（xiá）均具白色斑，且越往里白色斑越大；翼缘、大覆羽尖端亦缀有少许白色；中央尾羽为橄榄褐色，端部具不甚明显的黑褐色横斑，外侧尾羽为灰褐色具白色端斑和白色与黑褐色横斑；眉纹为白色，眼先为黑褐色；头侧为灰白色，具细的黑褐色纵纹；颏（kē）、喉为白色，颈和胸侧为灰褐色，前胸微具褐色纵纹，下体余部为纯白色；腋羽和翼下覆羽亦为白色，翼下具两道显著的暗色横带。冬羽和夏羽相似。虹膜为褐色，嘴短而直、黑褐色，下嘴基部为淡绿褐色，跗蹠（fū zhí）和趾灰绿色，爪为黑色。石羊河国家湿地公园秋季可见。

鸥科 Laridae

棕头鸥 *Chroicocephalus brunnicephalus*

形态特征：棕头鸥是鸥科彩头鸥属的中型（约 45cm）鸟类。夏羽头为淡褐色，在与白色颈的接合处颜色较深，具黑色羽尖，形成一黑色领圈，尤以后颈和喉部明显；眼后缘具窄的白边；背、肩、内侧翅上覆羽和内侧飞羽为珠灰色，外侧翅上覆羽为白色；内侧飞羽为白色，尖端为黑色；腰、尾和下体为白色。冬羽和夏羽相似，但头为白色，头顶缀淡灰色，耳覆羽具暗色斑点。虹膜为暗褐色或黄褐色，幼鸟几乎为白色；嘴、脚为深红色，幼鸟为黄色或橙色。石羊河国家湿地公园秋季可见。

渔鸥 *Ichthyaetus ichthyaetus*

形态特征：渔鸥是鸥科渔鸥属且体型较大（约 68cm）的灰色鸥。夏羽为头黑色，眼上下具白色斑；后颈、腰、尾上覆羽和尾为白色；背、肩、翅上覆羽淡灰色，肩羽具白色尖端，下体为白色；冬羽头为白色，具暗色纵纹，眼上眼下有星月形暗色斑；其余似夏羽。幼鸟上体呈暗褐色和白色斑杂状，腰和下体为白色，尾为白色，具黑色亚端斑。虹膜为暗褐色；嘴粗壮，为黄色，具黑色亚端斑和红色尖端；脚和趾为黄绿色，幼鸟嘴为黑色，脚和趾为褐色。石羊河国家湿地公园冬季可见。

普通燕鸥 *Sterna hirundo*

形态特征：普通燕鸥是鸥科燕鸥属的一种体型略大（约35cm）的海鸟。夏羽从前额经眼到后枕的整个头顶部为黑色，背、肩和翅上覆羽为鼠灰色；颈、腰、尾上覆羽和尾为白色；外侧尾羽为黑色，在翅折合时长度达到尾尖，尾呈深叉状；眼以下的颊部、嘴基、颈侧、颏、喉和下体为白色，胸、腹沾葡萄灰褐色。冬羽和夏羽相似，但前额为白色。虹膜为褐色；嘴冬季为黑色，夏季嘴基为红色；脚偏红，冬季较暗。石羊河国家湿地公园全年广泛分布。

须浮鸥 *Chlidonias hybrida*

形态特征：须浮鸥为鸻（héng）形目鸥亚目鸥科浮鸥属体型略小（约 25cm）的浅色燕鸥。夏羽前额自嘴基沿眼下缘经耳区到后枕的整个头顶部黑色；肩为灰黑色；背、腰、尾上覆羽和尾为鸽灰色；一对尾羽的外侧为灰白色；尾呈叉状；翅上覆羽为淡灰色，飞羽为灰黑色，外侧为珠白色，内侧具楔状灰白色羽缘，外侧飞羽羽轴为白色；颏（kē）、喉和眼下缘的整个颊部为白色；前颈和上胸为暗灰色，下胸、腹和两胁为黑色，尾下覆羽为白色;腋羽和翼下覆羽为灰白色。冬羽前额为白色，头顶至后颈为黑色，具白色纵纹；从眼前经眼和耳覆羽到后头，有一半环状黑斑；其余上体为灰色，下体为白色。虹膜为红褐色；嘴和脚为淡紫红色；爪为黑色。石羊河国家湿地公园夏秋季可见。

鹳形目　CICONIIFORMES

鹳科　Ciconiidae

黑鹳　*Ciconia nigra*

形态特征：黑鹳是鹳科鹳属的一种体态优美的大型（体长约1m）涉禽。两性相似。成鸟嘴长且直，基部较粗，往先端逐渐变细；鼻孔小，呈裂缝状；尾较圆；脚甚长，胫下部裸出，前趾基部间具蹼，爪钝而短；头、颈、上体和上胸为黑色，颈具辉亮的绿色光泽；背、肩和翅具紫色和青铜色光泽，胸亦有紫色和绿色光泽；前颈下部羽毛延长，形成相当蓬松的颈领；下胸、腹、两胁和尾下覆羽为白色。虹膜为褐色或黑色，嘴为红色，尖端较淡，眼周裸露皮肤和脚亦为红色。国家Ⅰ级保护动物。石羊河国家湿地公园秋冬季可见。

鲣鸟目 SULIFORMES

鸬鹚科 Phalacrocoracidae

普通鸬鹚 *Phalacrocorax carbo*

形态特征：普通鸬鹚是鸬鹚科鸬鹚属的大型（约90cm）水鸟，又叫大鸬鹚。夏羽头、颈和羽冠为黑色，具紫绿色金属光泽，并杂有白色丝状细羽；上体为黑色；两肩、背和翅覆羽为铜褐色并具金属光泽；羽缘为暗铜蓝色；尾圆形，灰黑色，羽干基部为灰白色；颊、颏（kē）和上喉为白色，形成一半环状，后缘沾棕褐色;其余下体为蓝黑色、缀金属光泽、下胁有一白色斑块。冬羽似夏羽，但头颈无白色丝状羽，两胁无白斑。虹膜为翠绿色，眼先为橄榄绿色，眼周和喉侧裸露皮肤为黄色，上嘴为黑色，嘴缘和下嘴为灰白色，喉囊为橙黄色，脚为黑色。石羊河国家湿地公园冬季可见。

鹈形目 PELECANIFORMES

鹮科 Threskiornithidae

白琵鹭 *Platalea leucorodia*

形态特征：白琵鹭是鹮（huán）科琵鹭属的大型（体长约80cm）涉禽。嘴长且直，上下扁平，前端扩大呈匙状；脚黑色，较长，胫下部裸出。夏羽全身为白色，头后枕部具长的发丝状羽冠，为橙黄色，前额下部具橙黄色颈环，颏和上喉裸露无羽，为橙黄色。冬羽和夏羽相似，全身为白色，头后枕部无羽冠，前颈下部亦无橙黄色颈环。虹膜为暗黄色；嘴为黑色，前端黄色，幼鸟全为黄色，杂以黑斑；眼先、眼周、脸和喉裸出皮肤为黄色，脚为黑色。荷兰的国鸟。国家Ⅱ级保护动物，石羊河国家湿地公园冬季可见。

鹭科　Ardeidae

池鹭　*Ardeola bacchus*

形态特征：池鹭是鹭科池鹭属的鸟类，又称红头鹭鸶，系典型涉禽类。夏羽头、头侧、羽冠、颈和前胸及胸侧为栗红色，羽端呈分枝状；冠羽甚长，一直延伸到背部；背、肩部羽毛也甚长，呈披针形，颜色为蓝黑色，一直延伸到尾；尾短，圆形，颜色为白色；颏、喉为白色，前颈有一条白线，从下嘴下面一直沿前颈向下延伸；下颈有较长的栗褐色丝状羽悬垂于胸；腹、两胁、腋羽、翼下覆羽和尾下覆羽以及两翅全为白色。冬羽头顶为白色且具密集的褐色条纹，颈、胸为淡皮黄白色且具厚密的褐色条纹，背和肩羽较夏羽为短，颜色为暗黄褐色，其余似夏羽。虹膜为黄色；嘴为黄色，尖端黑色，基部蓝色；脸和眼先裸露皮肤为黄绿色；脚和趾为暗黄色。石羊河国家湿地公园春秋季可见。

苍鹭 *Ardea cinerea*

形态特征：苍鹭是鹭科鹭属的鸟类，俗名长脖老。雄鸟头顶中央和颈为白色，头顶两侧和枕部为黑色；羽冠由细长的羽毛形成，分为两条，位于头顶和枕部两侧，状若辫子，颜色为黑色；前颈中部有纵行黑斑；上体自背至尾上覆羽为苍灰色，尾羽为暗灰色，两肩有长尖而下垂的苍灰色羽毛，羽端分散，呈白色或近白色；颏、喉为白色，颈的基部有呈披针形的灰白色长羽披散在胸前；胸、腹为白色；前胸两侧各有一块大的紫黑色斑，沿胸、腹两侧向后延伸，在肛周处汇合；两胁微缀苍灰色；腋羽及翼下覆羽为灰色，腿部羽毛为白色。虹膜为黄色，眼先裸露部分为黄绿色，嘴为黄色，跗蹠（fū zhí）和趾为黄褐色或深棕色，爪为黑色。石羊河国家湿地公园常年可见。

草鹭 *Ardea purpurea*

形态特征：草鹭是鹭科鹭属的大型（体长约90cm）涉禽。额和头顶为蓝黑色，枕部有两枚灰黑色长形羽毛形成的冠羽，悬垂于头后，状如辫子，其余头和颈为棕栗色；从嘴裂处开始有一蓝色纵纹，向后经颊延伸至后枕部，并于枕部会合形成一条宽阔的黑色纵纹沿后颈向下延伸至后颈基部，颈侧亦有一条同样颜色的纵纹沿颈侧延伸至前胸；背、腰和尾上覆羽为灰褐色；两肩和下背被有矛状长羽，羽端分散如丝，颜色为灰白色或灰褐色；尾为暗褐色，具蓝绿色金属光泽；颏、喉为白色，前颈基部有银灰色或白色长的矛状饰羽；胸和上腹中央基部为棕栗色，先端为蓝黑色，下腹为蓝黑色，胁为灰色，尾下覆羽基部为白色，羽端为黑色，腋羽为红棕色。虹膜为黄色，嘴为暗黄色，嘴峰角为褐色，眼先裸露部为黄绿色；胫裸露部和脚后缘为黄色，前缘为赤褐色。石羊河国家湿地公园夏秋季可见。

大白鹭 *Ardea alba*

形态特征：大白鹭是鹭科鹭属体型较大（约 90cm）的鸟类。两性相似，全身洁白。繁殖期间肩背部有三列长且直，羽枝呈分散状的蓑羽，一直向后延伸到尾端；蓑羽羽干呈象牙白色，基部较强硬，到羽端渐次变小，羽支纤细分散，且较稀疏；下体亦为白色，腹部羽毛沾有轻微黄色；嘴和眼先为黑色，嘴角有一条黑线直达眼后。冬羽和夏羽相似，全身亦为白色，但前颈下部和肩背部无长的蓑羽，嘴和眼先为黄色。虹膜为黄色，嘴、眼先和眼周皮肤，繁殖期为黑色，非繁殖期为黄色，胫裸出部肉红色，跗蹠（fū zhí）和趾为黑色。石羊河国家湿地公园常年可见。

牛背鹭 *Bubulcus ibis*

形态特征：牛背鹭是鹭科鹭属的中型（约50cm）涉禽。飞行时头缩到背上，颈向下突出，像一个大的喉囊，身体呈驼背状；站立时亦像驼背，嘴和颈亦较短粗；体较其他鹭肥胖，嘴和颈亦明显较其他鹭短粗；夏羽前颈基部和背中央具羽枝，分散成发状的橙黄色长形饰羽，前颈饰羽长达胸部，背部饰羽向后长达尾部，尾和其余体羽为白色;冬羽通体白色，个别头顶缀有黄色，无发丝状饰羽。虹膜为金黄色，嘴、眼先、眼周裸露皮肤为黄色，跗蹠（fū zhí）和趾为黑色。是唯一不食鱼而以昆虫为主食的鹭类。是博茨瓦纳的国鸟。石羊河国家湿地公园秋冬季可见。

鹰形目 ACCIPITRIFORMES

鹗科 Pandionidae

鹗 *Pandion haliaetus*

形态特征：鹗是鹗科中等体型（约 55cm）的鸟类。头部为白色，头顶具有深褐色的纵纹，眼部有褐色条文延伸至上体；上体为灰褐色，下体为白色。虹膜为黄色，嘴为黑色，脚为黑色。在飞行时，白色下体和两翼下的横斑醒目可见，极易辨认。国家Ⅱ级保护动物，石羊河国家湿地公园春季可见。

鹰科 Accipitridae

草原雕 *Aquia nipalensrs*

形态特征：草原雕为鹰科雕属的大型猛禽，体长 70 ~ 80cm。容貌凶狠，尾型平。成鸟与其他全深色的雕易混淆，两翼具深色后缘。体羽以褐色为主，上体为土褐色，头顶较浓暗；飞羽为黑褐色，杂以较暗的横斑，外侧初级羽基部具褐色与污白色相间的横斑；下体为暗土褐色，胸、上腹及两胁杂以棕色纵纹；尾下覆羽为淡棕色，杂以褐斑；头显得较小而突出，两翼较长，飞行时两翼平直，滑翔时两翼略弯曲。雌雄相似，雌鸟体型较大。虹膜为黄褐色和暗褐色；嘴为黑褐色，趾为黄色，爪为黑色。目前数量稀少，属于国家Ⅱ级保护动物。石羊河国家湿地公园全年可见。

金雕 *Aguia chrysaetos*

形态特征：金雕是鹰科雕属的鸟类，是一种性情凶猛、体态雄伟的猛禽，体长约100cm。头顶为黑褐色，后头至后颈羽毛尖长，呈柳叶状，羽基为暗赤褐色，羽端为金黄色，具黑褐色羽干纹；上体为暗褐色，肩部较淡，背肩部微缀紫色光泽；尾上覆羽为淡褐色，尖端为近黑褐色，尾羽为灰褐色，具不规则的暗灰褐色横斑或斑纹和一宽阔的黑褐色端斑；翅上覆羽为暗赤褐色，羽端较淡，为淡赤褐色；下体颏、喉和前颈为黑褐色，羽基为白色；胸、腹亦为黑褐色，羽轴纹较淡，覆腿羽、尾下覆羽和翅下覆羽及腋羽均为暗褐色，覆腿羽具赤色纵纹。幼鸟和成鸟大致相似，但体色更暗。虹膜为栗褐色，嘴端部为黑色，基部为蓝褐色或蓝灰色，趾为黄色，爪为黑色。国家Ⅰ级保护动物。墨西哥的国鸟。石羊河国家湿地公园冬季可见。

雀鹰 *Accipiter nisus*

形态特征：雀鹰属小型猛禽，体长30～41cm。雄鸟上体为暗灰色，头顶、枕和后颈较暗，前额微缀棕色；后颈羽基为白色，常显露于外，其余上体自背至尾上覆羽为暗灰色，尾上覆羽羽端有时缀有白色；尾羽为灰褐色，具灰白色端斑和较宽的黑褐色端斑；翅上覆羽为暗灰色，眼先为灰色，具黑色刚毛；下体为白色；胸、腹和两胁具红褐色或暗褐色细横斑；尾下覆羽亦为白色，常缀不甚明显的淡灰褐色斑纹，翅下覆羽和腋羽白色或乳白色，具暗褐色或棕褐色细横斑；雌鸟体型较雄鸟大。虹膜为橙黄色，嘴为暗铅灰色、尖端为黑色、基部为黄绿色，脚和趾为橙黄色，爪为黑色。国家Ⅱ级保护动物，石羊河国家湿地公园夏秋季可见。

苍鹰 *Accipiter gentilis*

形态特征：苍鹰是鹰形目鹰科鹰属的中小型（约 60cm）猛禽。成鸟前额、头顶、枕和头侧为黑褐色，颈部羽基为白色；眉纹白且具黑色羽干纹；耳羽为黑色；上体到尾为灰褐色；飞羽有暗褐色横斑，内翈（xiá）基部有白色斑块；尾为灰褐色，具 3 ~ 5 道黑褐色横斑；喉部有黑褐色细纹及暗褐色斑；胸、腹、两胁和覆腿羽布满较细的横纹，羽干为黑褐色；肛周和尾下覆羽为白色，有少许褐色横斑。虹膜为金黄或黄色；嘴黑，基部为淡蓝色；脚和趾为黄色；爪为黑色；跗蹠（fū zhí）前后缘均为盾状鳞。雌鸟羽色与雄鸟相似，但较暗，体型较大。国家Ⅱ级保护动物，是世界濒危物种之一。石羊河国家湿地公园冬季可见。

白头鹞 *Circus aeruginosus*

形态特征：白头鹞(yào)是鹰科鹞属的一种中等体型(约 50cm)的鸟类。雄鸟似雄性白腹鹞的亚成鸟，但头部多为皮黄色且少深色纵纹。雌鸟及亚成鸟似白腹鹞，但背部更为深褐，尾无横斑，头顶少深色粗纵纹。雌鸟腰无浅色。翼下初级飞羽的白色斑块（如果有）少深色杂斑。雄鸟虹膜为黄色，雌鸟及幼鸟为淡褐色；嘴为灰色；脚为黄色。白头鹞几乎和鸢一样大，但是鸢比较瘦，翅膀比较窄。白头鹞比其他鹞健壮，翼展要大。石羊河国家湿地公园夏秋季可见。

白尾海雕 *Haliaeetus albicilla*

形态特征：白尾海雕是鹰科海雕属的大型（体长约90cm）猛禽。头、颈为淡黄褐色或沙褐色，具暗褐色羽轴纹，前额基部尤浅；肩部羽色亦稍浅淡，多为土褐色，并杂有暗色斑点；后颈羽毛较长，为披针形；背以下上体为暗褐色，腰及尾上覆羽为暗棕褐色，具暗褐色羽轴纹和斑纹，尾上覆羽杂有白斑；尾较短，呈楔状，纯白色；翅上覆羽为褐色，呈淡黄褐色羽缘，飞羽为黑褐色；下体颏、喉为淡黄褐色，胸部羽毛呈披针形，淡褐色，具暗褐色羽轴纹和淡色羽缘;其余下体为褐色，尾下覆羽为淡棕色，具褐色斑;翅下覆羽与腋羽为暗褐色。虹膜为黄色，幼鸟为褐色，嘴和蜡膜为黄色，幼鸟为黑褐色到褐色，脚和趾为黄色，爪为黑色。雌鸟显著大于雄鸟。国家Ⅰ级保护动物。石羊河国家湿地公园有分布。

大鵟 *Buteo hemilasius*

形态特征：大鵟（kuáng）为鹰形目鹰科鵟属一种大型（约 70cm）猛禽。它的体色变化较大，分暗型、淡型两种色型。暗型上体为暗褐色，肩和翼上覆羽缘淡褐色，头和颈部羽色稍淡，羽缘为棕黄色，眉纹为黑色，尾为淡褐色，羽干及羽缘为白色，翅为暗褐色，飞羽内翈（xiá）基部为白色，内翈边缘白色并具暗色斑点，翅下飞羽基部为白色，形成白斑；下体为淡棕色，具暗色羽干纹及横纹；覆腿羽为暗褐色。头顶、后颈为纯白色，具暗色羽干纹；眼先为灰黑色，耳羽为暗褐色，背、肩、腹为暗褐色，具棕白色纵纹的羽缘；尾羽为淡褐色，羽干纹及外侧尾羽内翈为近白色，尾上覆羽为淡棕色，具暗褐色横斑，飞羽的斑纹与暗型的相似，但羽色较暗型为淡；胸侧、下腹及两胁具褐色斑，尾下腹羽为白色，覆腿羽为暗褐色。虹膜为黄褐色，嘴为黑褐色，跗蹠（fū zhí）和趾黄褐色，爪黑色。世界濒危物种之一，国家Ⅱ级保护动物。石羊河国家湿地公园秋冬季可见。

黑鸢 *Milvus migrans*

形态特征：黑鸢是一中小型猛禽。前额基部和眼先为灰白色，耳羽为黑褐色，头顶至后颈为棕褐色，具黑褐色羽干纹；上体为暗褐色，微具紫色光泽和不甚明显的暗色细横纹和淡色端缘；尾为棕褐色，呈浅叉状，其上具有宽度相等的黑色和褐色横带，呈相间排列，尾端具淡棕白色羽缘；翅上具黑褐色羽干纹；外侧飞羽内翈（xiá）基部为白色，形成翼下一大型白色斑，飞翔时极为醒目；下体颏、颊和喉为灰白色，具细的暗褐色羽干纹；胸、腹及两胁为暗棕褐色，具粗著的黑褐色羽干纹，下腹至肛部羽毛稍浅淡，呈棕黄色，羽干纹较细或无，尾下覆羽为灰褐色，翅上覆羽为棕褐色。虹膜为暗褐色，嘴为黑色，下嘴基部为黄绿色；脚和趾为黄色或黄绿色，爪为黑色。国家Ⅱ级保护动物。石羊河国家湿地公园冬季可见。

鸮形目 STRIGIFORMES

鸱鸮科 Strigidae

纵纹腹小鸮 *Athene noctua*

形态特征：纵纹腹小鸮（xiāo）属鸮形目鸱鸮科小鸮属，是体型很小（约 23cm）的猫头鹰。无耳羽簇；头顶平，眼亮黄而长凝不动；浅色平眉及白色宽髭（zī）纹使其形狰狞；上体为褐色，具白纵纹及斑点；下体为白色，具褐色杂斑及纵纹，肩上有 2 道白色或皮黄色横斑。虹膜为亮黄色，嘴角质为黄色，脚为白色但被羽，爪为黑褐色。国家Ⅱ级保护动物。石羊河国家湿地公园常年可见。

长耳鸮　*Asio otus*

形态特征：长耳鸮（xiāo）是鸱（chī）鸮科长耳鸮属的中型（约 38cm）鸟类。面盘显著，中部白色，杂有黑褐色，面盘两侧为棕黄色，羽干为白色，羽枝松散，前额为白色与褐色相杂状；眼内侧和上下缘具黑斑；耳羽发达，位于头顶两侧，显著突出于头上，状如两耳；上体为棕黄色具粗著的黑褐色羽干纹，羽端两侧密杂以褐色和白色细纹；上背为棕色，往后逐渐变浓，羽端为黑褐色斑纹，多而明显，肩羽同背，但在羽基处沾棕色，外翈（xiá）近端处有棕色至棕白色圆斑；尾上覆羽为棕黄色，具黑褐色细斑，尾羽基部为棕黄色，端部为灰褐色；颏（kē）白色，其余下体为棕黄色，胸具宽阔的黑褐色羽干纹；尾下覆羽为棕白色，较长的尾下覆羽为白色，具褐色羽干纹。虹膜为橙红色，嘴和爪为暗铅色，尖端为黑色。国家Ⅱ级保护动物。石羊河国家湿地公园夏秋冬季可见。

短耳鸮　*Asio flammeus*

形态特征：短耳鸮（xiāo）是鸮形目鸱鸮科长耳鸮属的一种猫头鹰。耳为黑褐色，短小而不外露，具棕色羽缘；面盘显著，眼周为黑色，眼先及内侧眉斑为白色，面盘余部为棕黄色，杂以黑色羽干纹；皱领为白色，羽端微具细的黑褐色斑点；上体包括翅和尾表面大都为棕黄色，满缀以宽阔的黑褐色羽干纹；腰和尾上覆羽为纯棕黄色，无羽干纹；尾羽为棕黄色，具黑褐色横斑和棕白色端斑。下体为棕白色，颏为白色；胸部较多棕色，并满布以黑褐色纵纹，下腹中央和尾下覆羽及覆腿羽无杂斑。跗蹠（fū zhí）和趾为棕黄色，被羽。虹膜为金黄色，嘴和爪为黑色。国家Ⅱ级保护动物。石羊河国家湿地公园全年可见。

犀鸟目　BUCEROTIFORMES

戴胜科　Upupidae

戴胜　*Upupa epops*

形态特征：戴胜是戴胜科戴胜属的鸟类。头、颈、胸为淡棕栗色，羽冠色略深且各羽具黑端，在后面的黑羽端前具白斑；胸部还沾淡葡萄酒色；上背和翼上小覆羽为棕褐色；下背和肩羽为黑褐色，杂以棕白色的羽端和羽缘;上、下背纹有黑色、棕白色、黑褐色三道带斑及一道不完整的白色带斑连成宽带，向两侧围绕至翼弯下方；腰为白色；尾上覆羽基部为白色，端部为黑色，部分羽端缘为白色；尾羽为黑色，各羽中部向两侧至近端部有一白斑相连成一弧形横带；翼外侧为黑色，向内转为黑褐色；腹及两胁由淡葡萄棕转为白色，并杂有褐色纵纹，至尾下覆羽全为白色。虹膜为红褐色；嘴为黑色，基部呈淡铅紫色；脚为铅黑色。以色列的国鸟。石羊河国家湿地公园常年可见。

佛法僧目 CORACIIFORMES

翠鸟科 Alcedinidae

普通翠鸟 *Alcedo atthis*

形态特征：普通翠鸟是佛法僧目翠鸟科翠鸟属，体型较小（约18cm）。上体为金属浅蓝绿色，体羽艳丽且具光泽，头顶布满暗蓝绿色和艳翠蓝色细斑；眼下和耳后颈侧为白色，体背为灰翠蓝色，肩和翅为暗绿蓝色，翅上杂有翠蓝色斑；喉部为白色，胸部以下呈鲜明的栗棕色；下体为橙棕色，颏为白。雄鸟上嘴为黑色，下嘴为红色；虹膜为褐色；脚为红色。石羊河国家湿地公园夏秋季可见。

啄木鸟目 PICIFORMES

啄木鸟科 Picidae

大斑啄木鸟 *Dendrocopos major*

形态特征：大斑啄木鸟是小型（约20cm）鸟类。雄鸟枕部为红色，额为棕白色，眼先为白色，头顶为黑色且具蓝色光泽，枕具一辉红色斑，后枕具一窄的黑色横带；后颈及颈两侧为白色，形成一白色领圈；肩为白色，背为灰黑色，腰为黑褐色且具白色端斑；两翅为黑色，翼缘为白色，飞羽内翈（xiá）均具方形或近方形白色块斑，翅内侧中覆羽和大覆羽白色，在翅内侧形成一近圆形大白斑；中央尾羽为黑褐色，外侧尾羽为白色且具黑色横斑。雌鸟头顶、枕至后颈为黑色且具蓝色光泽，耳羽为棕白色，其余似雄鸟。虹膜为暗红色，嘴为铅黑或蓝黑色，跗蹠（fū zhí）和趾为褐色。石羊河国家湿地公园夏季可见。

隼形目　FALCONIFORMES

隼科　Falconidae

红隼　*Falco tinnunculus*

形态特征： 红隼是隼形目隼科隼属小型（约 30cm）猛禽。雄鸟头顶、头侧、后颈、颈侧为蓝灰色；前额、眼先和细窄的眉纹为棕白色；背、肩和翅上覆羽为砖红色，具分布较为稀疏的近似三角形的黑色斑块；腰和尾上覆羽为蓝灰色，具纤细的暗灰褐色羽干纹；尾为蓝灰色，具宽阔的黑色端斑和窄的白色端斑；雌鸟上体为棕红色，头顶至后颈以及颈侧具细密的黑褐色羽干纹；背到尾上覆羽具粗著的黑褐色横斑；尾亦为棕红色，具黑色横斑；飞羽内翈（xiá）具白色横斑，并微缀棕色；脸颊部和眼下口角髭纹黑褐色；下体为乳黄色微沾棕色。虹膜为暗褐色，嘴为蓝灰色，先端为黑色，基部为黄色，脚、趾为深黄色，爪为黑色。属国家Ⅱ级保护动物，是比利时国鸟。石羊河国家湿地公园全年可见。

红脚隼 *Falco amurensis*

形态特征：红脚隼是隼形目隼科隼属的一种小型（约 30cm）猛禽。雄鸟上体大都为石板黑色；颏、喉、颈、侧、胸、腹部为淡石板灰色，胸具檨细的黑褐色羽干纹；肛周、尾下覆羽、覆腿羽棕红色。雌鸟上体大致为石板灰色，具黑褐色羽干纹，下背、肩具黑褐色横斑；颏、喉、颈侧乳白色，其余下体淡黄白色或棕白色，胸部具黑褐色纵纹，腹中部具点状或矢状斑，腹两侧和两胁具黑色横斑。幼鸟和雌鸟相似，但上体较褐，具宽的淡棕褐色端缘和显著的黑褐色横斑。虹膜为暗褐色；嘴为黄色，先端为石板灰色；跗和趾为橙黄色，爪为淡白黄色。国家Ⅱ级保护动物。石羊河国家湿地公园全年可见。

燕隼　*Falco subbuteo*

形态特征：燕隼是隼形目隼科隼属小型（约 30cm）猛禽。上体为暗蓝灰色，有一个细细的白色眉纹，颊部有一个垂直向下的黑色髭纹，颈部的侧面、喉部、胸部和腹部均为白色，胸部和腹还有黑色的纵纹，下腹部至尾下覆羽和覆腿羽为棕栗色。尾羽为灰色或石板褐色，除中央尾羽外，所有尾羽的内翈（xiá）均具有皮黄色、棕色或黑褐色的横斑和淡棕黄色的羽端。飞翔时翅膀狭长而尖，像镰刀一样，翼下为白色，密布黑褐色的横斑。翅膀折合时，翅尖几乎到达尾羽的端部，看上去很像燕子，因而得名。虹膜为黑褐色，眼周和蜡膜为黄色，嘴为蓝灰色，尖端为黑色，脚、趾为黄色，爪为黑色。国家Ⅱ级保护动物。石羊河国家湿地公园夏秋季可见。

游隼 *Falco peregrinus*

形态特征：游隼是隼形目隼科隼属的中型（约 45cm）猛禽。头顶和后颈为暗石板蓝灰色；背、肩为蓝灰色，具黑褐色羽干纹和横斑；腰和尾上覆羽亦为蓝灰色，但稍浅，黑褐色横斑亦较窄；尾为暗蓝灰色，具黑褐色横斑和淡色尖端；翅上覆羽为淡蓝灰色，具黑褐色羽干纹和横斑；飞羽为黑褐色，具污白色端斑和微缀棕色斑纹，内翈（xiá）具灰白色横斑；脸颊部和宽阔而下垂的髭（zī）纹为黑褐色；喉和髭纹前后白色，其余下体白色或皮黄白色；上胸和颈侧具细的黑褐色羽干纹，其余下体具黑褐色横斑；翼下覆羽，腋羽和覆腿羽亦为白色，具密集的黑褐色横斑。虹膜为暗褐色，眼睑为黄色，嘴为铅蓝灰色，嘴基部为黄色，嘴尖为黑色，脚和趾为橙黄色，爪为黄色。属国家Ⅱ级保护动物。阿拉伯联合酋长国和安哥拉的国鸟。石羊河国家湿地公园夏秋季可见。

雀形目 PASSERIFORMES

卷尾科 Dicruridae

黑卷尾 *Dicrurus macrocercus*

形态特征：黑卷尾是雀形目卷尾科卷尾属的鸟类。雄性成鸟全身羽毛呈黑色；前额、眼先羽为绒黑色；上体自头部、背部至腰部及尾上覆羽均为深黑色，缀铜绿色金属闪光；尾羽为深黑色，羽表面沾铜绿色光泽；中央一对尾羽最短，向外侧依次顺序增长，最外侧一对最长，其末端向外上方卷曲，尾羽末端呈深叉状；翅为黑褐色，飞羽外翈（xiá）及翅上覆羽具铜绿色金属光泽；下体自颏、喉至尾下覆羽均呈黑褐色，仅在胸部铜绿色金属光泽较显著；翅下覆羽及腋羽黑褐色。雌性成鸟体色似雄鸟，仅其羽表沾铜绿色金属光泽稍差。虹膜为棕红色；嘴和脚为暗黑色；爪为暗角黑色。石羊河国家湿地公园春秋季可见。

伯劳科　Laniidae

红尾伯劳　*Lanius cristatus*

形态特征：红尾伯劳是雀形目伯劳科伯劳属的鸟类，体长 18 ~ 21cm。普通亚种额和头顶前部淡灰色，头顶至后颈为灰褐色；上背、肩为暗灰褐色，下背、腰为棕褐色；尾上覆羽为棕红色，尾羽为棕褐色，具有隐约可见不甚明显的暗褐色横斑；两翅为黑褐色，内侧覆羽为暗灰褐色，外侧覆羽为黑褐色；翅缘为白色；眼先、眼周至耳区为黑色，联结成一粗著的黑色贯眼纹从嘴基经眼直到耳后；眼上方至耳羽上方有一窄的白色眉纹；颏、喉和颊为白色，其余下体棕白色，两胁较多棕色，腋羽亦为棕白色。雌鸟和雄鸟相似，但羽色较苍淡，贯眼纹为黑褐色。虹膜为暗褐色，嘴为黑色，脚为铅灰色。石羊河国家湿地公园夏秋季可见。

荒漠伯劳 *Lanius isabellinuus*

形态特征：荒漠伯劳是伯劳科伯劳属鸟类，又叫做棕尾伯劳。雄性成鸟上体为灰沙褐色；嘴基至前额为淡沙褐色，头顶至上背为灰沙褐色，下背至尾上覆羽染以锈色；眼先有一略杂褐羽的三角形黑斑，向后延伸绕过眼达于耳羽区，形成一条略杂有褐色的黑色过眼纹；自嘴基有一条淡黄棕色眉纹，后伸达于耳区上方；尾羽为锈棕色，略具淡端；肩羽与背羽同色；大覆羽与飞羽为暗褐色，具淡棕色外缘及羽端；颏、喉为乳白色；胸、胁、腹羽为污白色杂以淡沙褐色；尾下覆羽为乳黄。雌性成鸟羽色似雄鸟，但眼先斑为褐色并杂有淡黄色羽，微有少数黑羽；过眼纹及耳羽均为褐色；胸、胁部染以污黄色，在颈侧及胸部隐约可见细微的褐色鳞斑。虹膜为褐色；成鸟嘴为黑色；脚为黑色。石羊河国家湿地公园全年可见。

灰伯劳 *Lanius tephronotus*

形态特征：灰伯劳是伯劳科的鸟类，体长约24cm。前额基部、眉纹以及眼先的嘴基部为乳黄色，头顶至尾上覆羽烟灰色；肩羽与背羽同色但具淡羽缘；尾上覆羽也具淡羽缘并染淡棕；中央2对尾羽为纯黑色具白色端缘;眼先有一近圆形黑褐色斑;眼周、过眼至耳羽为黑褐色;下体为灰白色，颈侧、喉、胸、胁及腹羽均具细密的暗褐色鳞纹，胸、胁、腹羽微染棕色，尾下覆羽为淡灰白色。雌性成鸟似雄鸟羽色，但棕色更浓；眼先及过眼、耳羽为褐色；尾羽及翅羽的黑色均沾褐色；下体为淡土褐色，满布暗褐色鳞斑。虹膜为褐色，嘴为黑色，脚为偏黑色。石羊河国家湿地公园全年可见。

太平鸟科　Bombycillidae

太平鸟　*Bombycilla garrulus*

形态特征：太平鸟是雀形目太平鸟科的鸟类，体长约18cm。雄性成鸟额及头顶前部为栗色，愈向后色愈淡，头顶后部及羽为灰栗褐色；上嘴基部、眼先、围眼至眼后形成黑色纹带，并与枕部的宽黑带相连构成一环带；背、肩羽为灰褐色；腰及尾上覆羽为褐灰色，愈向后灰色愈浓；翅覆羽灰褐色；初级覆羽为黑色具白端，形成翅斑；初级飞羽为黑色，外翈（xiá）端部以及内翈端缘有明显的黄色狭斑；尾羽为黑褐色，羽端有宽的黄端斑；中央2对尾羽羽轴的端部为红色；颏、喉为黑色；颊与黑喉交汇处为淡栗色，其前下缘近白，形成不清晰的颊纹；胸羽与背羽同色，腹以下为褐灰色；尾下覆羽为栗色。雌性羽色似雄性，但颏、喉的黑色斑较小，并微杂有褐色；尾端黄色较淡。虹膜为暗红色；嘴为黑色；脚、爪为黑色。石羊河国家湿地公园春秋季可见。

鸦科 Corvidae

灰喜鹊 *Cyanopica cyanus*

形态特征：灰喜鹊是雀形目鸦科的中型（约 40cm）鸟类。外型酷似喜鹊，但稍小。前额到颈项和颊部为黑色杂淡蓝或紫蓝色光泽；喉为白色，向颈侧和向下到胸和腹部的羽色逐渐由淡黄白转为淡灰色；翕（xī）部和背部为淡银灰到淡黄灰色，腰部和尾上覆羽逐渐转浅淡；翅羽为淡天蓝色，飞羽羽轴为淡黑色；尾羽为淡天蓝色，两枚中央尾羽具宽形白色端斑，其余尾羽的末端仅具白色边缘，尾下羽为淡蓝灰色。虹膜为暗褐到淡褐黑；嘴、跗蹠（fū zhí）和趾为黑色。石羊河国家湿地公园夏秋季可见。

喜鹊 *Pica pica*

形态特征：喜鹊是鸟纲鸦科的一种鸟类，体长 40 ~ 50cm。雄性成鸟头、颈、背和尾上覆羽为灰黑色，后头及后颈稍沾紫，背部稍沾蓝绿色；肩羽为纯白色；腰为灰色和白色相杂状；翅为黑色；尾羽为黑色，具深绿色光泽，末端具紫红色和深蓝绿色宽带；颏、喉和胸为黑色，喉部羽有时具白色轴纹；上腹和胁为纯白色；下腹和覆腿羽为污黑色；腋羽和翅下覆羽为淡白色。雌性成鸟与雄鸟体色基本相似，但光泽不如雄鸟显著，下体为黑色又呈乌黑或乌褐色，白色部分有时沾灰。虹膜为暗褐色；嘴、跗蹠（fū zhí）和趾均为黑色。石羊河国家湿地公园全年可见。

红嘴山鸦 *Pyrrhocorax pyrrhocorax*

形态特征：红嘴山鸦是雀形目鸦科山鸦属的鸟类，俗名山乌、红嘴乌鸦。红嘴山鸦体长约 36cm。全身覆盖漆黑的羽毛，特征为长而弯曲的鲜艳红嘴，有红色的鸟爪和尖锐的叫声。雌雄羽色相同。虹膜为褐色或暗褐色，嘴和脚为朱红色。石羊河国家湿地公园冬季可见。

达乌里寒鸦 *Corvus dauurica*

形态特征：达乌里寒鸦为小型（约 30cm）鸦类。全身羽毛主要为黑色，仅后颈有一宽阔的白色颈圈向两侧延伸至胸和腹部，在黑色体羽衬托下极为醒目。雌雄羽色相似，额、头顶、头侧、颏、喉为黑色并具蓝紫色金属光泽；后头、耳羽杂有白色细纹，后颈、颈侧、上背、胸、腹为灰白色或白色，其余体羽为黑色具紫蓝色金属光泽；肛羽具白色羽缘。虹膜为黑褐色，嘴、脚为黑色。石羊河国家湿地公园秋季可见。

秃鼻乌鸦 *Corvus frugilegus*

形态特征：秃鼻乌鸦是雀形目鸦科体型略大（约 47cm）的黑色鸦。嘴基部裸露皮肤为浅灰白色；幼鸟脸全被羽，易与小嘴乌鸦相混淆，区别为头顶更显拱圆形，嘴为圆锥形且尖，腿部的松散垂羽更显松散；飞行时尾端为楔形，两翼较长窄，翼尖“手指”显著，头明显突出；成鸟嘴基部的皮肤为白色且光秃。雄雌同形同色，除了嘴基部外，通体漆黑，无论虹膜、嘴、脚均为饱满的黑色，带有显著的蓝紫色金属光泽。石羊河国家湿地公园秋季可见。

小嘴乌鸦 *Corvus corone*

形态特征：小嘴乌鸦是鸦科鸦属体型较大（约50cm）的乌鸦。雄雌同形同色，通体漆黑，无论是喙、虹膜还是双足，均是饱满的黑色；但细看小嘴乌鸦的体羽并非漆黑一团，除头顶、后颈和颈侧之外的其他部分羽毛，多少都带有一些蓝色、紫色和绿色的金属光泽，顺光或侧光观察本物种，能明显地看出这些精彩的金属光泽；它们飞羽和尾羽的光泽略呈蓝绿色，其他部分的光泽则呈蓝偏紫色，下体的光泽较黯淡。属于杂食性鸟类，以腐尸、垃圾等杂物为食，亦取食植物的种子和果实，是自然界的清洁工。石羊河国家湿地公园冬季可见。

大嘴乌鸦　*Corvus macrorhynchus*

形态特征：大嘴乌鸦是雀形目鸦科鸦属的鸟类，是雀形目鸟类中体型最大（约 50cm）的几个物种之一。雌雄相似，全身羽毛为黑色，除头顶、枕、后颈和颈侧光泽较弱外，其他包括背、肩、腰、翼上覆羽和内侧飞羽在内的上体均具紫蓝色金属光泽；下体为乌黑色或黑褐色；喉部羽毛呈披针形，具有强烈的绿蓝色或暗蓝色金属光泽；其余下体为黑色且具紫蓝色或蓝绿色光泽，但明显较上体弱；喙粗且厚，上喙前缘与前额几乎成直角；额头特别突出，在栖息状态下，这一点是辨识本物种的重要依据。虹膜为褐色或暗褐色，嘴、脚为黑色。石羊河国家湿地公园冬季可见。

百灵科 Alaudidae

凤头百灵 *Galerida cristata*

形态特征：凤头百灵是百灵科凤头百灵属的小型(约 18cm)且具褐色纵纹的百灵。具长而窄的羽冠；上体为沙褐色但具近黑色纵纹，尾覆羽为皮黄色；下体为浅皮黄色，胸部密布近黑色纵纹；嘴略长而下弯；翼下为锈色；中央一对尾羽为浅褐色，最外向侧一对尾羽大部分为皮黄色或棕色，仅内翈（xiá）羽缘为黑褐色。外侧第二对尾羽仅外翈有一宽的棕色羽缘。翅上覆羽浅褐色或沙褐色，飞羽黑褐色，外翈羽缘棕色，内翈基部亦有宽的棕色羽缘。虹膜为深褐色；鸟喙为黄粉色，喙端为深色；脚爪为偏粉色。石羊河国家湿地公园全年可见。

角百灵 *Eremophila alpestris*

形态特征：角百灵是百灵科角百灵属的鸟类。雄鸟前额为白色或淡黄色，头顶前部紧靠前额为白色，之后有一宽的黑色横带，其两端各有2～3枚黑色长羽形成羽簇伸向头后，状如两只角；眼先、颊、耳羽和嘴基为黑色，眉纹为白色或淡黄色，与前额白色相连；后头、上背为粉褐色，背、腰为棕褐色，具暗褐色纵纹和沙棕色羽缘；尾上覆羽为褐色或棕褐色，中央尾羽为褐色，羽缘为棕色，外侧尾羽为黑褐色微具白色羽缘，最外侧一对尾羽为纯白色；两翅为褐色，下体为白色，胸具一黑色横带。雌鸟和雄鸟羽色大致相似，但羽冠短或不明显，胸部黑色横带亦较窄小。虹膜为褐色或黑褐色，嘴为黑色，跗蹠（fū zhí）黑色或黑褐色。石羊河国家湿地公园全年可见。

文须雀科　Panuridae

文须雀　*Panurus biarmicus*

形态特征：文须雀是文须雀科文须雀属的鸟类，单独成一科一属。前额、头顶、头侧为淡灰色；眼先、眼周为黑色并向下经颊（jiá）沿延伸形成一簇髭（zī）状黑斑；背、肩、腰等上体为淡棕色，尾上覆羽为淡粉紫色；尾较长，呈凸状，中央一对尾羽最长，为棕黄色，外侧尾羽依次逐渐缩短，最外侧一对尾羽先端和外翈（xiá）为白色，基部和内翈为黑色；颏、喉和前胸为淡黄白色，颈侧和胸侧缀粉色，两胁为淡棕黄色，腹中部为乳白色，尾下覆羽为黑色。雌鸟和雄鸟大致相似，但头、眼先为灰棕色，眼下和颧（quán）区亦无黑色髭（zī）状斑，其余均和雄鸟相似。虹膜为橙黄色，嘴亦为橙黄色或黄褐色，脚为黑色。石羊河国家湿地公园夏秋季可见。

苇莺科　Acrocephalidae

东方大苇莺　*Acrocephalus sentoreus*

形态特征：东方大苇莺为苇莺科苇莺属体型略大(约19cm)的鸟类。夏羽额至枕部为暗橄榄褐色；背、腰及尾上覆羽为橄榄棕褐色；眼先为深褐色，耳羽为淡棕色；飞羽及覆羽为深褐色，外缘具橄榄褐色羽缘，羽缘较宽；尾羽为12枚，圆尾形，褐色，具污白色羽端缘；下体的颏、喉部为棕白色，下喉及前胸羽毛具细的棕褐色羽干纹，向后变为皮黄色；两胁为皮黄沾棕色，覆腿羽色更深。冬羽和夏羽相似，但下喉及上胸部羽毛的棕褐色羽干细纹明显。虹膜为褐色；上嘴为黑褐；下嘴为肉红，先端为茶褐色；脚为铅蓝色。石羊河国家湿地公园全年可见。

燕科 Hirundinidae

家燕 *Hirundo rustica*

形态特征：家燕是燕科燕属的鸟类。雌雄羽色相似，前额为深栗色，上体从头顶一直到尾上覆羽、两翼小覆羽、内侧覆羽和内侧飞羽均为蓝黑色且富有金属光泽；尾长，呈深交叉状，最外侧一对尾羽特形延长，其余尾羽由两侧向中央依次递减，除中央一对尾羽外，所有尾羽内翈（xiá）均具一大型白斑，飞行时尾平展，其内翈上的白斑相互连成"V"字形；颏、喉和上胸为栗色或棕栗色，其后有一黑色环带，下胸、腹和尾下覆羽为白色，也有呈淡棕色和淡赭桂色的，随亚种而不同，但均无斑纹。虹膜为暗褐色，嘴为黑褐色，跗蹠（fū zhí）和趾为黑色。幼鸟和成鸟相似，但尾较短，羽色亦较暗淡。石羊河国家湿地公园夏秋季可见。

金腰燕 *Hirundo daurica*

形态特征：金腰燕是燕科燕属的鸟类，体长约17cm。上体黑色，具有灰蓝色光泽，腰部为栗色，颊(jiá)部为棕色，下体为棕白色，且多具黑色的细纵纹，尾甚长，为深凹形。最显著的标志是有一条栗黄色的腰带，浅栗色的腰与深蓝色的上体形成对比，下体白且多具黑色细纹，尾长而叉深。虹膜为褐色；嘴及脚为黑色。石羊河国家湿地公园春秋季可见。

柳莺科 Phylloscopidae

褐柳莺 *Phylloscopus fuscatus*

形态特征：褐柳莺是柳莺科柳莺属小型（约 11cm）鸟类。外型甚显紧凑而墩圆，两翼短圆，尾圆而略显凹；上体为灰褐色，飞羽有橄榄绿色的翼缘；嘴细小，腿细长；眉纹为棕白色，贯眼纹为暗褐色；颏（kē）、喉为白色，其余下体为乳白色，胸及两胁为浅黄褐色；眼先上部的眉纹有深褐色边且眉纹将眼和嘴隔开。虹膜为褐色；上嘴色深，下嘴偏黄色；脚为偏褐色。石羊河国家湿地公园全年少量分布。

莺鹛科 Sylviidae

白喉林莺 *Sylvia curruca*

形态特征：白喉林莺是莺鹛科林莺属的体型略小(约13cm)的纯色林莺。上体为灰褐或沙褐色，头顶较灰，自嘴基穿过眼，向后伸展至枕部的贯眼纹呈暗褐或黑褐色；下体为污白色，胸和两胁沾褐色或淡粉红色；飞羽为褐色，具淡沙褐色羽缘；尾羽呈暗褐色，外侧尾羽具白色狭缘，最外侧一对尾羽除内翈(xiá)基部为褐色外，余部及外翈全白色，羽端具白色楔状斑。雌雄两性羽色相似。虹膜为鲜黄色；嘴为褐色，下嘴基部较淡；脚呈黄绿色或灰铅色。石羊河国家湿地公园夏秋季可见。

椋鸟科　Sturnidae

灰椋鸟　*Spodiopsar cineraceus*

形态特征：灰椋鸟是椋(liáng)鸟科丝光椋鸟属。雄鸟自额、头顶、头侧、后颈和颈侧为黑色，微具光泽，额和头顶前部杂有白色，眼先和眼周为灰白色，杂有黑色，颊和耳羽为白色，亦杂有黑色；背、肩、腰和翅上覆羽、小翼羽和大覆羽为黑褐色，飞羽为黑褐色；尾上覆羽为白色，中央尾羽为灰褐色，外侧尾羽为黑褐色，内翈（xiá）先端为白色；颏为白色，喉、前颈和上胸为灰黑色，具不甚明显的灰白色矛状条纹；下胸、两胁和腹为淡灰褐色，腹中部和尾下覆羽为白色。翼下覆羽为白色，腋羽灰黑色，杂有白色羽端。雌鸟和雄鸟大致相似，但仅前额杂有白色，头顶至后颈为黑褐色。虹膜为褐色，嘴为橙红色，尖端黑色，跗蹠（fū zhí）和趾橙黄色。石羊河国家湿地公园夏秋季可见。

紫翅椋鸟 *Sturnus vulgaris*

形态特征：紫翅椋（liáng）鸟是雀形目椋鸟科椋鸟属中等体型的椋鸟，全长约 20cm。头、喉及前颈部呈亮铜绿色；背、肩、腰及尾上覆羽为紫铜色，而且淡黄白色羽端，略似白斑；腹部为沾绿色的铜黑色，翅为黑褐色，缀以褐色宽边。夏羽和冬羽稍有变化。石羊河国家湿地公园秋季可见。

鸫科 Turdidae

灰头鸫 *Turdus rubrocanus*

形态特征：灰头鸫(dōng)是雀形目鸫科鸫属的中型(约26cm)鸟类。雄鸟前额、头顶、眼先、头侧、枕、后颈、颈侧、上背为褐灰色，背、肩、腰和尾上覆羽为暗栗棕色，两翅和尾为黑色；颏、喉和上胸为暗褐色，颏、喉杂有灰白色，下胸、腹和两胁为栗棕色，尾下覆羽为黑褐色，杂有灰白色羽干纹和端斑。雌鸟和雄鸟相似，但羽色较淡，颏、喉为白色，具暗色纵纹。虹膜为褐色，嘴和脚为黄色。石羊河国家湿地公园夏季可见。

白腹鸫 *Turdus pallidus*

形态特征：白腹鸫(dōng)是鸫科鸫属小型（约 24cm）鸣禽。腹部及臀为白色；雄鸟头及喉为灰褐，雌鸟头为褐色，喉偏白而略具细纹；翼为灰白色。似赤胸鸫但胸及两胁为褐灰色而非黄褐色，外侧两枚尾羽的羽端白色甚宽；与褐头鸫的区别在于缺少浅色的眉纹。虹膜为褐色，上鸟喙为灰色，下鸟喙为黄色，脚为浅褐色。国家Ⅲ级保护鸟类。石羊河国家湿地公园夏季可见。

赤颈鸫　*Turdus ruficollis*

形态特征：赤颈鸫(dōng)是雀形目鸫科鸫属的鸟类，全长约25cm。雄鸟上体为灰褐色，眉纹、颈侧、喉及胸为红褐色，翼为灰褐色，中央尾羽、外侧尾羽为灰褐色；腹至臀为白色。雌鸟似雄鸟，但灰褐色部分较浅且喉部具黑色纵纹；脸、喉及上胸为棕色，冬季多白斑，尾羽色浅，羽缘为棕色。雌鸟及幼鸟具浅色眉纹，下体多纵纹。虹膜为褐色；嘴为黄色，尖端黑色；脚为近褐。石羊河国家湿地公园冬季可见。

鹟科　Muscicapidae

沙鵰　*Oenanthe isabellina*

形态特征：沙鵰(jí)是鹟(wēng)科鵰属的鸟类，体长约16cm。嘴偏长，呈沙褐色；色平淡且略偏粉，无黑色脸罩，翼较多数其他种色浅；雌雄同色，但雄鸟眼先较黑，眉纹及眼圈苍白，与雌沙鵰的区别在于身体较扁圆而显头大、腿长，翼覆羽较少黑色，腰及尾基部更白。幼鸟上体具浅色点斑，胸羽羽缘暗黑。虹膜为深褐；嘴为黑色；脚为黑色。石羊河国家湿地公园夏秋季可见。

白顶䳭　*Oenanthe pleschanka*

形态特征：白顶䳭（jí）是鹟（wēng）科䳭属中等体型（约 14.5cm）且尾长的鸟类。雄鸟上体全为黑色，仅腰、头顶及颈背为白色；外侧尾羽基部为灰白；下体全为白色，仅颏及喉为黑色。雌鸟上体偏褐色，眉纹为皮黄色，外侧尾羽基部为白色；颏及喉色较深，白色羽尖成鳞状纹；胸为偏红，两胁为皮黄色，臀为白色。虹膜为褐色；嘴为黑色；脚为黑色。石羊河国家湿地公园春秋季可见。

漠鹏 *Oenanthe deserti*

形态特征：漠鹏（jí）是雀形目鹟（wēng）科鹏属体型略小（约 14cm）的沙黄色鹏。尾为黑色，翼具黑羽缘；雄鸟脸侧、颈及喉为黑色；雌鸟头侧近黑色，但颏及喉为白色。飞行时尾几乎全黑且有别于其他种类的鹏。虹膜为褐色；嘴为黑色；脚为黑色。石羊河国家湿地公园全年可见。

雀科　PAsseridae

黑顶麻雀　*Passer ammodendri*

形态特征：黑顶麻雀是雀科麻雀属的中等体型（约 15cm）麻雀。繁殖期雄鸟头顶有黑色的冠顶纹至颈背，眼纹及颏（kē）黑色，眉纹及枕侧为棕褐色，脸颊为浅灰色；上体为褐色而密布黑色纵纹；雌鸟色暗但上背的偏黑色纵纹以及中覆羽和大覆羽的浅色羽端明显。虹膜为深褐；雄鸟嘴黑色，雌鸟嘴黄色，嘴端为黑色；脚为粉褐色。石羊河国家湿地公园全年后均可见。

树麻雀 *Passer montanus*

形态特征：树麻雀是雀科雀属的小型（约 15cm）鸟类。雄鸟从额至后颈纯肝褐色；上体为沙棕褐色，具黑色条纹；翅上有两道显著的近白色横斑纹；颏和喉为黑色；颊、耳羽和颈侧为白色，耳羽后各具一黑色斑块；胸和腹为淡灰近白，沾有褐色，两胁转为淡黄褐色；尾下覆羽与之相同，但色更淡，各羽具宽的较深色的轴纹，腋羽色同胁部。雌鸟似雄体，但色彩较淡或暗，额和颊羽具暗色先端。虹膜为暗红褐色；嘴为黑色；下嘴呈黄色，特别是基部；脚和趾等均污黄褐色。石羊河国家湿地公园全年可见。

鹡鸰科　Motacillidae

黄鹡鸰　*Motacilla tschutschensis*

形态特征：黄鹡鸰（jī líng）体型大小和山鹡鸰差不多，体长 15 ~ 18cm。上体主要为橄榄绿色或草绿色，有的较灰；头顶和后颈多为灰色、蓝灰色、暗灰色或绿色，额稍淡，眉纹为白色、黄色或无眉纹；有的腰部较黄，翅上覆羽具淡色羽缘；尾较长，主要为黑色，外侧两对尾羽主要为白色；下体为鲜黄色，胸侧和两胁有的沾橄榄绿色，有的颏（kē）为白色。两翅为黑褐色，中覆羽和大覆羽具黄白色端斑，在翅上形成两道翅斑。虹膜为褐色，嘴和跗蹠（fū zhí）黑色。石羊河国家湿地公园全年分布。

黄头鹡鸰 *Motacilla citreola*

形态特征：黄头鹡鸰（jī líng）是雀形目鹡鸰科的鸟类，体长约 18cm。雄鸟头为鲜黄色，背为灰色，有的后颈在黄色下面还有一窄的黑色领环，腰为暗灰色；尾上覆羽和尾羽为黑褐色，外侧两对尾羽具大型楔状白斑；翅为黑褐色，翅上大覆羽、中覆羽和内侧飞羽具宽的白色羽缘；下体为鲜黄色。雌鸟额和头侧为辉黄色，头顶为黄色，羽端杂有少许灰褐色，其余上体为黑灰色或灰色，具黄色眉纹；下体为黄色。虹膜为暗褐色或黑褐色，嘴为黑色，跗蹠（fū zhí）为乌黑色。石羊河国家湿地公园夏秋季可见。

灰鹡鸰　*Motacilla cinerea*

形态特征：灰鹡鸰（jī líng）是雀形目鹡鸰科鹡鸰属中等体型（约 19cm）且尾长的鹡鸰。雄鸟前额、头顶、枕和后颈为灰色或深灰色；肩、背、腰为灰色沾暗绿褐色或暗灰褐色；尾上覆羽为鲜黄色，部分沾有褐色，中央尾羽为黑色或黑褐色具黄绿色羽缘；两翅覆羽和飞羽为黑褐色，内翈（xiá）具白色羽缘，形成一道明显的白色翼斑；眉纹和颧（quán）纹为白色，眼先、耳羽为灰黑色；颏、喉夏季为黑色，冬季为白色，其余下体为鲜黄色。雌鸟和雄鸟相似，但雌鸟上体较绿灰，颏、喉为白色。虹膜为褐色，嘴为黑褐色或黑色，跗蹠（fū zhí）和趾为暗绿色或角褐色。石羊河国家湿地公园夏秋季可见。

白鹡鸰　*Motacilla alba*

形态特征：白鹡鸰（jī líng）是鹡鸰科鹡鸰属小型鸣禽，全长约 18cm。额头顶前部和脸为白色，头顶后部、枕和后颈为黑色；背、肩为黑色或灰色，飞羽为黑色；翅上小覆羽为灰色或黑色，中覆羽、大覆羽为白色，在翅上形成明显的白色翅斑；尾长而窄，尾羽为黑色，最外两对尾羽主要为白色。颏、喉为白色或黑色，胸为黑色，其余下体为白色。虹膜为黑褐色，嘴和跗蹠（fū zhí）为黑色。石羊河国家湿地公园全年可见。

田鹨 *Anthus rufulus*

形态特征：田鹨（liù）是雀形目鹡鸰科的小型鸣禽，体长约 15cm。上体主要为黄褐色或棕黄色，头顶、两肩和背具暗褐色纵纹，后颈和腰纵纹不显著；尾上覆羽较棕、无纵纹，尾羽为暗褐色具沙黄色羽缘，中央一对尾羽羽缘较宽，最外侧一对尾羽大都为白色；翼上覆羽为黑褐色，小覆羽具淡黄棕色羽缘，中覆羽和大覆羽具较宽的棕黄色羽缘。眉纹黄白色或沙黄色；颏、喉为白色，喉两侧有一暗色纵纹；胸和两胁为皮黄色，胸具暗褐色纵纹，下胸和腹为皮黄白色或白色沾棕。虹膜为褐色，嘴为褐色，上嘴基部和下嘴为淡黄色；脚为褐色，甚长，后爪亦甚长。石羊河国家湿地公园夏秋季可见。

水鹨 *Anthus spinoletta*

形态特征：水鹨（liù）是雀形目鹡鸰科小型鸣禽，体长约 17cm。上体为灰褐色或橄榄色，具不明显的暗褐色纵纹；外侧尾羽具大型白斑，翅下有两条白色横带；下体为棕白色或浅棕色；繁殖期喉、胸部沾葡萄红色，胸和两胁微具细的暗色纵纹或斑点。虹膜为褐色，嘴为暗褐色，脚为肉色或暗褐色；尾羽为暗褐色，最外侧的 1 对尾羽外翈（xiá）为白色。石羊河国家湿地公园全年可见。

理氏鹨 *Anthus richardi*

形态特征：理氏鹨（liù）是雀形目鹡鸰科的鸟类，体长约18cm。上体多具褐色纵纹，眉纹为浅皮黄色；下体为皮黄色，胸具纵纹；腿长且为褐色，具纵纹；虹膜为褐色；上嘴为褐色，下嘴为淡黄色；脚为黄褐色，后爪明显为肉色。石羊河国家湿地公园全年可见。

燕雀科　Fringillidae

金翅雀　*Chloris sinica*

形态特征：金翅雀是燕雀科金翅雀属小型鸟类，体长 12 ~ 14cm。雄鸟眼先、眼周为灰黑色，前额、颊、耳覆羽、眉区、头侧为褐灰色沾草黄色，头顶、枕至后颈为灰褐色，羽尖沾黄绿色；背、肩和翅上内侧覆羽为暗栗褐色，羽缘微沾黄绿色，腰为金黄绿色；短的尾上覆羽亦为绿黄色，长的尾上覆羽为灰色缀黄绿色，中央尾羽为黑褐色，羽基为沾黄色，羽缘和尖端为灰白色，其余尾羽基段为鲜黄色，末段为黑褐色，外翈（xiá）羽缘为灰白色；颊、颏、喉为橄榄黄色，胸和两胁为栗褐沾绿黄色或污褐且沾灰，下胸和腹中央为鲜黄色，下腹至肛周为灰白色，尾下覆羽为鲜黄色，翼下覆羽和腋羽亦为鲜黄色。雌鸟和雄鸟相似，但羽色较暗淡，头顶至后颈灰褐且具暗色纵纹。上体少金黄色而多褐色，下体黄色亦较少，仅微沾黄色且亦不如雄鸟鲜艳。虹膜为栗褐色，嘴为黄褐色或肉黄色，脚为淡棕黄色或淡灰红色。石羊河国家湿地公园全年可见。

鹀科 Emberizidae

苇鹀 *Emberiza pallasi*

形态特征：苇鹀（wú）为鹀科鹀属的小型（约 12cm）鸣鸟。雄性成鸟头顶、颊和耳羽均为黑色，头顶的羽缘为黄色；后颈具一白色横带，连接颈侧和颊部形成颈圈；背、肩羽为黑色，羽缘为白色，羽端沾牛皮黄色；腰和尾上覆羽为浅灰色，腰具黑色羽干纹，尾上覆羽的羽干纹为褐色；翼上覆羽一般为黑褐色，而小覆羽为灰褐色，具淡黄褐色羽缘；飞羽为暗褐色，外缘为赤褐色；尾羽为黑褐，具褐白色羽缘，中央一对尾羽羽缘具黄白色外缘，最外一对尾羽具楔形白斑；颏、喉和上胸中央为黑色；腋羽和翼下覆羽为白色。雌性成鸟额、头顶为黑褐色，羽缘为沙黄色；眉纹为黄白色；头侧为栗褐色；背、肩羽为暗褐色，羽缘为栗色；腰和尾上覆羽为浅沙黄色；一簇暗褐色条纹围绕喉部；胸、胁和尾下覆羽沾沙黄色，两胁有褐色条纹；腹部中央为白色；其他部分和雄羽相似。虹膜为褐色；上嘴为黑褐色，下嘴为淡黄色；脚为肉色，爪为黑色。石羊河国家湿地公园秋季可见。

灰头鹀 *Emberiza spodocephala*

形态特征：灰头鹀（wú）是鹀科鹀属的小型（约 15cm）鸣鸟。雄性成鸟嘴基、眼先、颊和颏斑为灰黑色；头全部、颈周和胸为绿灰色且微沾黄色，有时具黑点；上背、肩为橄榄绿色，微沾赤褐色，羽中央具宽阔的黑色条纹，羽缘为黄褐色；下背、腰和尾上覆羽为浅橄榄褐色；尾羽为黑褐，最外侧一对尾羽几乎全白；飞羽为暗褐色，外缘为淡赤褐色；胸为淡硫磺色，至肛周和尾下覆羽转为黄白色；胸侧和两胁淡褐且具黑褐色条纹；腋羽淡黄；翼下覆羽黄白色，羽基暗色。雌鸟眼先、眼周和不清楚的眉纹为牛皮黄色；颊纹淡黄延伸于颈侧；耳羽为褐色，具黄色轴纹；头色较雄者发褐而颊部和颏不黑；喉和下体为淡硫磺色，喉和上胸微沾橄榄绿色；由暗黑色点斑形成的颧纹颇为明显；体侧和两胁棕褐且具黑色条纹；下腹和尾下覆羽黄白色；其他部分与雄者同但较浅淡。虹膜为褐色；嘴为棕褐色；脚为白色。石羊河国家湿地公园全年可见。

中文名索引

拉丁文索引

A

B

C

社会主义核心价值观

富强 民主 文明 和谐

自由 平等 公正 法治

爱国 敬业 诚信 友善

2. 教育部《关于培育和践行社会主义核心价值观进一步加强中

3. 教育部《关于全面深化课程改革落实立德树人根本任务的意

4. 教育部《中小学开展弘扬和培育民族精神教育实施纲要》

5. 教育部《完善中华优秀传统文化教育指导纲要》

6. 教育部 共青团 中央全国少工委《关于加强中小学劳动教育的

7. 教育部《中小学文明礼仪教育指导纲要》

8. 教育部《中小学健康教育指导纲要》

9. 教育部《中小学法制教育指导纲要》《关于进一步加强青少

10. 教育部《中小学心理健康教育指导纲要（2012年修订）》

11. 教育部《中小学公共安全教育指导纲要》

12. 教育部《中小学生命教育解读》

13. 教育部《中小学生预防艾滋病专题教育大纲》

14. 教育部《中小学毒品预防专题教育大纲》 国家禁毒办 中

传教育工作的指导意见》《全民禁毒教育实施意见》

15.《学校民族团结教育指导纲要（试行）》

16. 国家环保部 文明办 宣传部 教育部《全国环境宣传教育行动

17. 教育部《关于加强中小学网络道德教育抵制不良信息的通知

18.《关于加强中小学消防安全宣传教育工作的通知》

19.《关于进一步在中小学开展反邪教教育的通知》

20. 教育部办公厅《关于进一步加强中小学诚信教育的通知》

21. 教育部 国家粮食局《关于建立中小学爱粮节粮教育社会实践

22. 教育部 国家档案局《关于建立中小学档案教育社会实践基地

23. 教育部 水利部 全国节约用水办公室《关于建立中小学节水

基地 开展节水教育、水土保持教育的通知》

24. 教育部 国家质量监督检验检疫总局《关于建立中小学质量教

25. 教育部 科技部 中国科学院 中国科协《关于建立中小学科普

26. 教育部《关于在大中小学全面开展廉洁教育的意见》 教育

27. 教育部 国家发展和改革委员会 财政部 文化部 国家广播电影

28. 教育部《关于新形势下加强国防教育工作的意见》 国家国

29. 教育部等11部门《关于推进中小学生研学旅行的意见》

这套教材我们深知还有很多不足，还需要在使用过程中不断完

也会不断修订，不断提高教材质量。

ISBN 978-7-5417-6203-1
9 787541 762031 >
定价：6.00元

成长·专题教育综合学习

高中二年级 上册

未来出版社

健康成长

专题教育综合学习

甘肃省基础教育课程教材中心 编著

高中二年级 上册

未来出版社